HVAC
DUCT SYSTEM DESIGN

HVAC
DUCT SYSTEM DESIGN

ⓒ 윤홍수, 2024

초판 1쇄 발행 2024년 1월 18일
    2쇄 발행 2024년 12월 27일

지은이   윤홍수
펴낸이   이기봉
편집   좋은땅 편집팀
펴낸곳   도서출판 좋은땅
주소   서울특별시 마포구 양화로12길 26 지월드빌딩 (서교동 395-7)
전화   02)374-8616~7
팩스   02)374-8614
이메일   gworldbook@naver.com
홈페이지   www.g-world.co.kr

ISBN   979-11-388-2691-4 (13540)

HVAC DUCT SYSTEM DESIGN

덕트설계 실무교육 초급과정

윤흥수(赫振) 지음

덕트 국가 기술 자격증 절대 필요하다!

본 교재의 집필 의도는 '덕트설계 실무교육'을 받고자 하는 수강생들의 예습 기회를 제공하여 교육 효과를 높이는 데 있으며, 덕트 하청은 반드시 사라져야 하기에, 덕트 하청을 벗어나는 방법에 관해서 기술하였다.

좋은땅

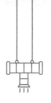

저자 서문

　2003년 1월 "덕트 국가 기술 자격증 절대 필요하다!"란 문제의식에서 카페 "덕트사랑"을 개설하여 2007년 5월 제1회 "덕트설계 실무교육" "초급과정"을 시작으로 6개 과정을 진행해 오고 있다.

　그동안 많았던 질문이 "덕트(Duct)"에 관한 교재 추천이었다. 기본 개념 정리가 안 된 수강생들과 개념 설명부터 설계 실무를 병행하다 보면, 오전 10시에 시작한 강의는 오후 7시를 훌쩍 넘기곤 하였다.

　본 교재는 2007년 5월 20일부터 15년간 진행해 온 '덕트설계 실무교육' '초급과정'의 내용을 정리 보완한 것이다.

　본 교재의 집필 의도는 '덕트설계 실무교육'을 받고자 하는 수강생들의 예습 기회를 제공하여 교육 효과를 높이는 데 있으며, 덕트 하청은 반드시 사라져야 하기에, 덕트 하청을 벗어나는 방법에 관해서 기술하였다.

　본 교재는 복잡한 수식과 도표는 가능한 한 기술하려 하지 않았고, 실무에 필요한 개념들을 나름대로 자세히 설명하려고 했다.

　덕트 설계 입문서로서 부족한 부분과 오류가 있는 부분을 지적하여 주시면 추후 수정 보완토록 하겠다.

　중동 현장에서 "TAB" 실무 트레이닝과 설비 공무 기회를 주신 이무영 님과 *SMACNA*의 BALANCING and ADJUSTMENT of AIR DISTRIBUTION SYSTEM, HVAC DUCT SYSTEM DESIGN, 덕트칼쿠레토(캐리어&트레인)를 전해 주신 조광진 선배 두 분께 감사드리며, 특히, 두 분의 멘토와 값진 경험을 함께할 수 있었던 현대건설에 깊이 감사를 드린다.

2023년 12월

저자

책을 시작하며

　아직도 현장에서 사용하는 공구나 작업 명칭들의 많은 부분이 일본 용어를 사용하고 있다. 업계 입문 때부터 듣고, 익혀 사용하다 보니 익숙하기도 한 이유도 있지만, 우리말의 적당한 표현이 쉽지 않고, 영어 표현도 현장용 단어는 짧아야 하는 까닭에 쉽게 고쳐지지 않는 것 같다. 'Duct'만 하더라도 '닥트'라 표기된 것을 '덕트'로 부르자고 카페 개설 초기부터 주장해 왔었는데, 얼마 전부터 노임단가 직종도 '닥트공'에서 '덕트공'으로 표기되었다.

　'피츠버그시임 로라' 역시 '요꼬기'로 불리고 있고, 각형 덕트의 상, 하판도 '하라'를 대치할 짧고 간결한 마땅한 이름으로 대치하지 못하고 있는 것 또한 현실이다. 이렇듯 '덕트'에 관한 기본적인 공구나 작업 공정의 명칭조차 우리 것으로 정리하려는 노력이 있었는가 하는 생각을 많이 했던 것 같다.

　선배들의 여담 중에서 '요꼬기'의 존재를 듣게 된 것이 1979년도 봄이었고, 직접 대면하여 사용하기 시작한 것은 업계 입문 후 2년째 방망이질이 찰지게 붙을 때였다. 능률을 올리기 위해 나무 방망이 여러 개를 물통에 담아 놓고 사용하던 때, 평철 매채의 등장으로 자국이 '난다.', '안 난다.' 하던 선배들의 작업 능률에 대한 논쟁의 핵심은 품질이었다.

　나무 방망이로 '다이아몬드 브레이싱(X-보강)'을 걸 때에 '요꼬', '하라' 판에 방망이 자국이 남아서는 안 된다고 주장하던 때, 선배들은 외관의 미려함에 대한 완성도를 양보하지 않았던 나름의 철학이 있었던 것 같다. 하지만 이러한 논쟁이 아무런 의미가 없다는 것을 그 누구도 짐작하지 못했다.

　아날로그 시대 건축설비의 꽃은 덕트의 현도가 아니었던가! 나무 방망이로 현란하게 접어대던 신기에 가까운 기능들이 기계화, 자동화로 대치되었고, 현도 역시 디지털 캐드 캠(CAD, CAM) 시스템 등장으로 속절없이 자리를 내줘야 하는 시간이 벌써 한 세대가 지나는 30여 년에 이르고 있다.

　기술의 발전이 사회를 변화시키고 제도를 바꾸게 되지만 '덕트' 분야만큼은 퇴보하고 있었던 것으로 생각한다. 기계설비나 공기조화설비의 여러 직종 중에서 "국가 기술 자격증"이 없는 직종은 '덕트'와 '보온'일 것이다.

밀폐된 실내공간에서 건강하고 안전한 실내환경을 유지하기 위한 "환기"는 "코로나-19" 팬데믹 이전에 충분히 성장 발전시켜 왔어야 했고, 관련 종사자들의 인프라도 충분히 양성해 왔어야 했다.

오늘날 '덕트'는 제조와 설치로 분업화된 상황이지만, '환기' 시장의 주역이 '덕트공'인 그것을 부인할 사람은 없을 것이다. 제도권 '환기'는 '산업 환기', '세대 환기'에 머물고 있지만, 상업 환기와 생활 환기 등의 비제도권 환기 시장을 유지, 발전시켜 온 이들은 덕트공들이 아닌가 생각한다.

책 한 권으로 덕트 설계 전 과정을 완벽하게 이해할 수 있도록 기술한다는 것은 불가능할 것이다. 서문에서 밝혔듯이 본 교재는 다음 카페 '덕트사랑'에서 '덕트설계 실무교육' '초급과정'을 수강하려는 예비 수강자들의 예습용 교재로 집필한 것으로 필자가 현장 실무에서 필요하다고 생각하는 부분과 그렇지 않은 부분에 따라 간략히 기술하였고, 서술로 표현이 부족한 부분은 실무교육 수강 때 자세히 설명하는 것으로 생략하기도 했다.

디퓨저의 종류만 14가지나 되는데, 이런 "에어 디바이스"의 선정 방법을 일일이 적용 사례를 들어 기술하기보다는 제조사의 퍼포먼스 데이터-성능도표-를 이해하는 방법을 설명하는 것으로 하고, 복잡한 국부저항 계산 부분도 실무에 적용할 간단한 방법으로 설명할 것이다.

1986년 늦은 가을부터 1988년 하계 올림픽이 열리기 전까지 중동에서 TAB 실무 경험과 1989년 창업 후 설계, 시공, TAB 여러 실무 경험을 바탕으로 기술된 교재가 이론상 오류와 부족한 설명에 대해서는 전문가 여러분들의 지도와 편달을 부탁드리며, 그러한 부분들은 추후 보완 수정하도록 하겠다. '덕트설계 초급교육' 교재가 나올 수 있기까지 여러모로 부족했던 실무교육을 수강해 주신 선배, 동료, 후배들께 깊이 감사를 드린다.

기술 도입국을 넘어서려면

대한민국은 2019년 국민소득(GNI) 3만 달러를 넘어서 인구 5천만 명 이상인 국가 가운데 7번째로 '30·50 클럽'에 들어선 선진국이 되었다. 한국은 독일, 중국에 이어 세계 3위 수준의 제조업 강국이다. 한국전쟁 휴전 해인 1953년 1인당 국민소득 67달러에 그쳤던 최빈국으로 자본, 원천기술 하나 없이 한강의 기적을 이뤄 낸 대단한 성과라 할 수 있다.

세계의 HVAC 기술 표준은 미국이다. 일본은 미국의 기술을 배웠고 우리는 일본을 통해 배웠다. 월남전과 중동 건설을 통해 Global standard 스펙(Specifications)과 매뉴얼(Manual)을 접하면서 기술을 축적해 왔다.

필자도 중동에서 칠러(Chiller) 제조사 슈퍼바이저(Supervisor)의 시험 운전 과정을 지켜볼 기회가 있었다. 나이가 스물다섯 정도였는데 반바지에 티셔츠를 입고 매뉴얼 파일과 체크 리스트 순서에 따라 점검 중에 이상이 생기면 본사로부터 텔렉스(Telex) 회신이 올 때까지 시험 운전을 중단하고 기다리는 모습을 보면서 많은 것을 느꼈다.

본 공사 턴 오버(Turn Over) 과정 중 메인 트랜스(Maintenance) 트레이닝(Training) 매뉴얼(Manual)을 제작할 때 파일을 복사 정리할 기회가 있었다. 이러한 경험들이 1989년도 석유화학 플랜트(plant) 인슐레이션(Insulation)공정에서도 가장 먼저 찾았던 게 미국 엔지니어링(KELLOGG) 회사의 시방서였다. 복합화력발전소 ABB의 시방서와 패킹리스트(packing list)를 잘 활용해 경쟁사보다 먼저 화입식을 할 수 있었던 것도 중동에서 겪었던 경험의 결과라고 생각한다.

HVAC 분야도 합작을 통해서 부품 조립 단계를 지나서 자체 생산 비율을 높여 나가는 과정으로 진행되어 온 것인데, 특히 Ventilation의 FAN과 AIR DEVICES는 100여 년이 넘는 미국 제조사들의 단체 기준으로 규격화된 것을 수입하다가 역설계 과정을 거쳐 금형을 제작하고 수정하는 과정을 거쳐서 오늘날에 이른 것이다.

이제는 국내 제작사들도 자체 시험설비를 미국의 단체 규정과 시험법을 도입해 인증을 받는 업체가 늘어가고 있다. 그러나 아직도 상당수의 제조사는 자체 시험설비를 갖추고 있지 않다. 이러한 기업들의 카탈로그 성능표는 대부분 카피 자료이나, 성능 범위는 크게 벗어나지 않는다고 생각한다. 예를 들어 정압법 급기 덕트 마찰손실값(0.1mmAq/m)일 때, ND200 디퓨저의 Neck Velocity를 4%로 선정했을 때 'A', 'B', 'C'사(社)의 풍량과 압력손실의 차이는 10%를 넘을 수가 없다. 이는 같은 치수의 금형과 같은 규격의 재료로 제작되기 때문이다. FAN도 블레이드만 전문으로 제작해서 납품하는 분업체계가 이미 형성되어 있기 때문이다.

제품의 가공 정밀도와 밸런싱의 문제도 크게 문제가 되지 않은 것으로 보인다. 이미 우리나라의 가공 기술과 금형 기술이 제조업 3위의 위상에 걸맞은 기술력을 발휘하고 있기 때문이다. 필요한 것은 데이터이다. 'A', 'B', 'C'사(社)의 제품으로 시공 후, 시험 운전 과정에서 측정값이 카탈로그 성능 데이터와 차이가 어느 정도 있는지를 반드시 확인해야 한다.

우리는 이미 세계 3위의 제조업 강국이다. 제조업의 제조환경과 작업환경 그리고 생산설비의 최적화와 업그레이드는 설계, 시공, 측정 데이터 기반에서 시스템 최적화를 위한 창의적인 아이디어가 나온다고 생각한다.

'덕트 시스템'의 설계, 시공, 측정 주체가 각각 분리돼서는 안 된다. 시공 경험도 측정 경험도 없는 설계자가 무슨 뾰족한 아이디어가 나오겠는가! 설계 능력도 측정 경험도 없는 시공자에게 문제 해결의 창의적인 방법을 기대할 수 있겠는가? 설계 능력도 시공 경험도 없는 측정하는 이들이 어떤 능력으로 시스템의 업그레이드를 생각할 수 있겠는가? 'HVAC 전문가'가 아니라, 'Heating 전문가', 'Ventilation 전문가', 'Air conditioning 전문가'로의 견고한 파티션 안에서 모든 분야가 융복합되는 시대에 걸맞은 솔루션을 생산할 수 있을까?

지속 발전할 수 있는 제조업 강국이 되기 위해서는 제조사들의 원천기술 개발 못지않게 제조환경, 생산설비의 창의적인 업그레이드와 최적화를 위한 'HVAC 전문가' 그룹이 형성되어야 한다. 국내 58만여 제조업체 중에서 첨단 대기업을 제외한 중소기업의 제조 및 작업환경을 백업할 수 있는 실무 경험과 엔지니어링 지식을 바탕으로 진화된 '환경공조시스템' 전문가들이 중소 제조업체들 경쟁력에 일조하기를 바란다.

차례

제1장
게임의 규칙

　중학교에 들어와 처음으로 야구를 접하게 되었다. 친구들이 편을 나눠 야구 경기하는 모습은 정말 생소했다. 매우 흥미를 느끼던 차에 인원이 부족했었는지, 평소에 운동 신경이 둔하지 않았던 까닭인지, 어느 순간부터 1번 타자를 맡기고, 수비는 투수 친구가 자기 오른쪽을 보라고 했다. 그러나 야구 규칙을 설명해 주는 친구가 아무도 없었고, 나름 눈치껏 하다 보니 상당히 재미가 있었다.

　하루는 동네에서 야구와 비슷한 경기를 하게 되었는데, 주루 주자가 수비수를 피해 주루선에서 상당히 멀리 달아나는 것이었다. 주루에서 일정 거리를 벗어나 달아나면 아웃이라는 나와 그렇지 않다는 동네 녀석과 결국 한바탕 뒹굴고 말았다. 이와 같은 상황이 현장에서 '감리'와 '덕트공'과의 다툼이 일어나게 되면 무조건 덕트공이 불리하게 되어 있다. 그 덕트공의 주장은 대개 "지금껏 이렇게 했어도 아무런 문제가 없었다.", "이전 현장에서도 이처럼 했다.", "내가 경력이 얼마인데." 등등….

　동네 녀석과 한바탕했던 가장 큰 이유는 심판도 없었지만, 경기 규칙을 서로 확인하지 않았다는 것이다. 그러나 감리와 덕트공의 분쟁에서는 "시방서"라는 심판 기능의 규칙이 정해져 있다. 덕트 공사 현장에 처음으로 투입된 감리라도 시방서의 체크리스트에 따라 검수하게 되면, 경력 할배가 와도 도리가 없는 것이다.

　'게임의 기본은 규칙이다!' 경기장의 선수가 그 경기 규칙을 모른다면, 전략과 전술을 이해할 수가 없고, 그는 이미 선수 자격이 없는 것이다. 과연 그럴까? 덕트공 경력을 20년, 30년 뽐내는 이들 중에서 "덕트 표준시방서"를 제대로 이해하고 있는 수가 얼마나 될까? 또한, 덕트 공사를 맡기면서 시공 도면 일체와 시방서, 물량 내역서를 제공하는 도급회사가 얼마나 될까?

　아르바이트가 아닌 정식 직종으로 돈을 받고 일을 한다는 것은 아마추어가 아닌 프로인 것이다. 어떤 직종의 인턴이라도 3개월이 지나도록 업무 파악이 안 되면, 고용이 안 되는 것은 상식인데, 덕트공들의 상당수가 시방서를 본 적조차 없다고 하는 사실은 누구의 책임일까? 1차적 책임은 당사

자 본인에게 있지만, 관련 정보를 가진 도급회사들의 오랜 악습으로 덕트 업계를 황폐화해 온 그들의 책임이 더욱 크다고 생각한다.

여기까지 읽고 있는 예비 수강생 중에서 시방서를 읽어 본 사실이 없다면, 교재는 이쯤에서 책을 덮고 시방서 먼저 읽어 보기를 바란다. 추천 시방서는 "한국설비기술협회규격"을 참고하기를 바란다. 표준 시방서는 그 분야의 전문가들이 가장 경제적인 방법으로 작업순서나 재료의 규격 등을 규정한 품질관리 기준이다. 적용된 프로젝트의 시방서는 설계자, 감리자, 시공자 모두가 특수한 경우를 제외하곤 반드시 준수해야 하는 경기의 규칙 같은 것이며, 기술과 소재의 발전에 따라 그 규정은 수정 보완된다.

덕트공 여러분들은 프로다! 지금껏 제도적, 실무적으로 아무런 육성과 보호를 받지 못한 직종으로 소외됐지만, 여러분들보다 "실내환경"의 "공기 질" 문제를 실무적으로 밀접하게 접해 온 직종은 없다고 생각한다. 상위 학습의 기회가 없었던 과거를 털어버리고 엔지니어링 지식을 보완하여 새롭게 형성될 "실내공기산업" 시장의 진정한 실력자로 인정받는 직종으로 발전하기를 바라며, 본 교재가 그 시작이 되었으면 한다.

제2장
Escape(탈출)

　"세렝게티(Serengeti)"에 건기가 찾아오면 수많은 초식 동물들의 대이동이 시작된다. 건기가 시작되면 갈수록 비가 내리지 않아, 식물이 자라지 못하고, 초식 동물들은 먹이와 물이 부족해, 더는 생존 가능한 환경이 유지되지 않아, 식물과 물이 있는 생존 가능한 다른 생태계로 목숨 건 대이동을 한다.

　오늘날 '덕트' 업종의 생태계는 어떠한가? -지난 40년 동안 진행되어 온 '건기'를 설명하기엔 지면이 모자랄 것이다.- 초기의 덕트는 '인력 덕트'로 '제작과 설치'가 분리되지 않았으나, 제작 공정의 기계화는 지속해 발전됐고, 아날로그에서 디지털 시대로 접어들면서, 제작 공정이 컴퓨터로 제어되는 자동화된 공장의 생산라인에서 제조되는 제품화되어 제작은 '제조업'으로, 설치는 '건설업'으로 분리되었다.

　덕트의 부가가치는 '제작'에 있었지, '설치'에 있지 않았다. 영원히 넘볼 수 없었던 덕트의 난이도 최고봉인 현도가 CAD, CAM SYSTEM 앞에 속절없이 무너져 버린 것이다. 한 현장의 현도를 책임질 재단 능력을 갖추려면 최소한 10년 이상의 실무 경험이 있어야 했는데, 지금은 팩스나 카톡으로 원하는 규격의 덕트들이 각 현장으로 배달되는 세상으로 바뀐 것이다. 이러한 변화의 과정이 40여 년간 진행됐음에도 덕트공들은 사회의 변화와 기술의 발전 속도에 변화하지 못하고 "통달이"라는 기가 막힌 닉네임의 직종으로 전락한 것이다.

　본 교재를 보고 있는 덕트공들은 웅덩이의 물이 얼마나 남아 있는지 스스로 판단하여, 더 나은 생태계를 찾아 떠날 것인지, 머물러 한탄하며 시들 것인지 더 늦기 전에 결단을 내려야 할 것이다.

　아래 품셈의 변화는 덕트의 기계화, 자동화로 진행되는 과정에서 덕트의 '제작과 설치' 업종은 '제작'의 제조업과 '설치'의 '기계설비공사업'으로 분업화된 것이고, 사실상 '덕트공'에서 '덕트 설치공'으로 기능적 변화를 품셈을 통해 살펴볼 수 있다.

아연도강판 0.5t 품셈 및 노임단가 비교 (㎡)						
비교년도	품셈			노임 단가		
	덕트 제작	덕트 설치	제작·설치	덕트공	배관공	보통인부
1980년	0.317	0.257	0.574	7,080	6,400	4,080
2023년	0.180	0.182	0.362	198,718	214,118	157,068
증감	-43.2%	-29.1%	-36.9%	+2,806%	+3,345%	+3,849%

※ 보통 인부 : 기능을 요하지 않는 경작업인 일반잡역에 종사하면서 단순 육체노동을 하는 사람
-노임단가 출처-
한국감정원 건물신축 단가표 연도별(1970~1980)건설공사부문정부노임단가 기준표
2023년 상반기 정부 노임단가 대한건설협회 자료

[표 1] 아연도강판 덕트의 품셈 및 노임단가(1980년 vs 2023년)

1980년 수작업(手作業)으로 아연도강판(0.5t/㎡) 덕트를 제작했을 때 0.317품이 소요되었다면, 2023년 기계식으로 제작했을 때 0.18품으로 생산성이 176% 향상된 것으로 보이지만, 실질적으론 1980년 대비 56.7% 수준으로 **43.2%**의 부가가치가 사라진 업종으로 변화가 진행되었다.

지난 40년간 덕트人들은 어떤 노력으로 이를 극복해 왔을까? 인력(人力) 덕트의 자동화로 제작 생산성이 176% 향상되는 동안, 덕트 설치는 앵글 프렌치에서 TDF 공법으로 141% 향상된 듯 보이지만 덕트 설치도 **37%**의 부가가치가 사라진 것이다.

배관공보다 10% 높았던 노임은 오히려 11% 가까이 낮아졌다. 이는 건축설비 현장의 비중이 덕트에서 배관으로 바뀌었다는 것이다. 노임단가 배관공 역시 배관의 소재와 공법의 발달로 일반 공사 직종의 평균 노임 244,456원의 88%를 넘지 못하고, 덕트공은 81% 수준에 머물러 있는 것이다. 앞으로 이러한 현상은 지속될 것이다.

요즘 덕트 공사 현장은 과거처럼 제작 기능을 보유한 숙련공의 수요는 거의 사라지고, 다수의 2~3년 경력의 '설치공'과 소수의 5~6년 경력자와 10여 년 경력의 반장급 한 명의 인력 구성이면 웬만한 덕트 공사는 무난히 시공해 나갈 수 있게 되었다. 과거 현장에 투입된 '덕트공'들의 평균 현장 경력이 10~15여 년 정도였다면, 현재는 5~6년이 넘지 않는 것 같다. 이러한 현상은 10년 이상의 경력자와 5년 경력자의 노임 차이가 더는 벌어질 이유가 없다는 것이고, 10년 경력 이상의 통달이는 잉여 인력으로 5년 경력자와 같은 임금 수준을 감수할 수밖에 없는 업종이 되었다는 것이다. 다시 말하면 경력에 비례하여 올릴 수 있는 생산성의 최대치가 5년 정도인 업종으로 기계화, 자동화, 디

지털화가 이미 완성된 업종이 되었다.

일본의 경우 1981년 "금속판 기능사"에서 "건축금속판 기능사(덕트 기능사)"로 분리하여 1급과 2급 기능사가 2,377명에 이른다고 한다. 우리도 "판금 기능사"에서 "덕트 기능사"로 분리되었어야 했는데, 그렇지 못한 것이 덕트 기능의 전승이 한 세대 가까이 단절되어 통달이라는 해괴한 이름으로 불리고, 오늘날 환기 전문가 부재의 크나큰 요인이라 할 것이다.

앞으로, 밀폐된 실내환경에서의 공기오염과 공기감염 예방을 위한 실내공기 질 관리의 중요성을 인식한 소비자들이 늘어가고, 건강하고 쾌적한 실내공기환경의 조성과 운영에 관한 엔지니어링 수요가 늘어날 것으로 생각한다.

실내공기 질의 측정과 분석에서 끝나는 것이 아니라, 측정과 분석의 결과를 어떻게 개선할 것인가에 대한 계획과 설계, 시공, 평가를 할 수 있는 엔지니어링 실무 기술자들의 양성과 관련 자격제도의 도입이 시급하다 할 수 있다.

기존 덕트공들은 축적된 현장 경험을 바탕으로 이론 공부와 설계 능력을 갖춰, "실내공기환경산업"의 전문가로서 역할을 다하는 전문가 그룹으로 성장 발전해 나가길 바란다. 새로운 생태계로 건너가려는 희망과 발전의 발걸음을 재촉해야 할 것이다.

제3장
환기의 기원과 덕트의 발전

이 장은 덕트설계 실무교육 초급과정의 1교시에 해당한다.

HVAC의 개념과 환기(Ventilation)의 역사적 기원과 덕트(duct)의 표준에 대해서, 그리고 공부의 최종 목표에 대한 필자의 의견을 담았다.

○ 국내 덕트 산업의 역사와 진행 방향

○ 실내공기 질 정책의 한계와 대안

○ 환기 시장은 무주공산(無主空山) 등은 실무교육으로 남겨두고자 한다.

현장에서 흔히 사용하는 공조(空調)는 공기조화(空氣調和)의 줄임말이고, 영문 표기는 HVAC로 표기하며, 에이치 브이 에이 씨 또는 에이치-박으로 부른다.

HVAC는 'Heating, Ventilation, and Air Conditioning'의 철자의 앞머리 글자를 나타내고 난방, 환기, 냉방으로 공기조화(空氣調和)라고 한다.

순	약어	단어	뜻	최초 사용 시기
1.	H	Heating	난방	정확히 알 수 없으나 (150만 년 전 남아프리카)
2.	V	Ventilation	환기	정확히 알 수 없으나 (150만 년 이전)
3.	AC	Air Conditioning	냉방	웰리스 케리어의 에어컨 발명 이후
HVAC History는 인류의 실내공기환경 문화 발전 순서에 따라 기술된 것 호모 에렉투스(Homo erectus)는 신생대 제4기 홍적세(플라이스토세)에 살던 멸종된 화석인류이다. 대략 150만 년 이전에 호모 에렉투스는 불을 직접 일으켜 사용하였다. 150만 년 전 남아프리카, 스왈시크란스 동굴 불의 사용 흔적 발견-출처: 위키백과				

[표 2] HVAC의 의미

덕트(Duct)를 이해하기 위해선 덕트의 기원과 덕트가 적용되는 시스템에 대한 이해가 필요하다고 생각한다.

'HVAC'는 'ACVH'나 'HACV'가 아니라, 'HVAC'로 사용하게 되었을까? 이에 대한 나름의 해석은 [표 2]와 같이 'HVAC'는 **"인류의 실내공기환경 문화 발전 순서에 따라 기술된 것"**으로 필자는 정의한다. 현대의 HVAC의 개념은 인간뿐 아니라, 동물과 식물, 제조환경 또는 설비 시스템 유지에 필요한, 실내환경의 필수 구성 요소로서 광범위하게 이용되고 있다.

인류가 생존에 가장 위협적인 자연환경은 무엇이었을까?

첫 번째로 혹한의 추위로부터 체온을 유지하여 동사(凍死) 위험을 극복하려 했을 것이다. 인류가 혹한의 추위로부터 자신들을 지켜내려는 가장 효과적인 방법으로 불을 이용하였을 것이고, 도구를 사용하여 자연의 불을 사용할 수 있는 불로써 혹한의 추위를 이겨낼 수 있는 난방 기능으로 발전됐을 것이다.

오래전 개봉한 프랑스 감독 "장 자크 아노"의 영화 〈불을 찾아서(Quest for Fire)〉에 나오는 주인공들이 꺼트린 불씨를 찾아서, 불을 지필 수 있는 도구를 사용할 수 있기까지 처절한 원시 부족의 모험을 통해 '불'이 생존에 얼마나 절대적이었는지를 잘 표현하고 있다.

HVAC의 개념은 실내(室內)에서의 유효한 개념이지, 옥외(屋外)에서의 개념이 아니라는 점을 먼저 이해해야 한다.

인류가 혹한의 추위를 피하기 위한 노력 중 가장 먼저 취했던 방법은 혹한의 추위뿐 아니라, 야생의 동물로부터 안전한 거처(居處)를 마련했어야 했는데, 건축 기술이 발달하기 전까지는 자연의 동굴을 택했을 것이다. 이렇게 택한 거처의 동굴에서 혹한의 추위를 해결하는 방법으로 불을 피우는 행위가 원시 난방(Heating)으로써 시작일 것이다.

동굴 내(內)에서 불의 사용은 난방과 조명 그리고 화식(火食)의 여러 기능을 필요에 따라 사용했을 것이다. 동굴 안에서 불을 지속적으로 사용하면서 쾌적한 동굴환경(실내환경)을 유지하기 위한 필수 조건은 연기를 효과적으로 동굴 밖으로 배출해야 했을 것이고, 이러한 기준에 적합한 동굴이 거처(居處)로써 선택되었을 것이다. 이상의 가정에서 필자는 불을 이용한 동굴-실내-난방(Heating)은 환기(Ventilation)와 거의 동시에 이뤄졌다고 주장한다. 그러나 다른 한편으로는 불을 피우기 전에 이미 동굴 내에서는 자연환기가 먼저 이뤄지고 있다는 점에서 환기(Ventilation)가 먼저라고 생각한다. 이렇듯 Heating과 Ventilation은 불을 피우고 연기가 빠져나가는 과정에서 본다면 Heating이 선행되고 Ventilation이 이어지는 것으로 HV의 개념으로 자리 잡은 것 같다.

환기(Ventilation) 시장은 국민소득 1만 불이 되면 형성된다고 한다. 우리나라는 에너지 빈국(貧國)으로 환기(Ventilation)에 필요한 에너지를 경제적 관점에서 냉, 난방 장비들의 외기 흡입구를 없애는 방향으로 변화하였고, 실내공기환경에서 건강과 안전보다는 경제성을 우선시해 온 결과 심각한 폐해를 겪고 있다. 2020년 3만 불 국가에 진입했지만 환기와 관련된 인프라를 갖추지도 못하고, 팬데믹 상황에도 적절히 대응하지 못하고 우왕좌왕했었다.

HVAC의 냉방(Air Condition)은 1902년 "윌리스 케리어"에 의해서 발명되었다. 에어컨의 발명으로 공기조화 HVAC 역사가 시작되었고, 현대산업과 상업, 주거 생활에 없어선 안 될 필수 시스템으로 발전했다. HVAC에서 Ventilation뿐만 아니라, Heating과 Air-Conditioning에서 덕트(Duct)가 빠진 시스템 구성은 이뤄질 수 없음에도 우리나라는 환기와 함께 덕트 분야의 관련 자격증과 인력 육성에 필요한 법조차 없는 기형적인 형태로 이어져 왔다.

HVAC의 원조는 미국이고 덕트의 원조 또한 미국이라고 필자는 주장한다. 이러한 주장의 근거는 에어컨의 발명이 미국에서 "캐리어"에 의해서 이뤄졌고, 그로 인해 HVAC 개념이 자리를 잡게 되었기 때문이다. Duct는 미국의 Sheet Metal and Air Conditioning Contractors National Association, INC(판금 및 에어컨 계약자 전국협회)로 *SMACNA*가 미국의 덕트 관련 표준을 만들어 왔으며, 국내에서 제정되지 못한 고압 덕트의 압력 레벨에 따른 재료 및 공법의 기준을 제공하고 있다는 점에서 가히 원조라 할 수 있을 것이다.

이 장에서는 HVAC의 개념과 Duct의 기원과 배경 그리고 원조에 대해서 필자 나름의 정리를 해보았고, 특히 우리나라의 환기 관련 제도 정책이 3만 불 국가 위상에 맞지 않는 기형적인 상황으로 발전해 왔으며, 이러한 불균형을 초래한 기술적, 시간적 공백은 쉽게 채울 수 없다는 점을 지적하면서, 이에 엔지니어링 능력을 배양한 덕트공들의 무한한 기회가 있다는 것을 이해하고, 좀 더 분발하여 공부하고 노력하기를 바란다.

제4장
기류[氣流]와 압력[壓力]

기류(氣流)와 압력(壓力)은 덕트설계 실무교육 초급과정의 2교시에 해당한다.

이 장에서는 눈에 보이지 않는 공기(空氣)의 이송과 적절한 기류를 조성하는 데 필요한 실체적이고, 감각적인 테크닉을 기르는 데 있다. 짧은 시간 안에 이러한 능력을 키우기가 쉽지 않겠지만, 깊이 생각하고 충분한 현장 경험이 축적되면 누구든 가능하게 될 것이다.

어떤 실내공간(室內空間)에 들어서서, 찬찬히 내부를 살펴보고, 그 공간 내의 공기 흐름 즉, 기류(氣流)가 어떻게 유동(流動)되는지 파악할 수 있어야 한다.

CFD(Computational fluid dynamics · 전산유체역학)로 해석하는 수준에는 비할 순 없겠지만, 특정 데이터를 입력해야만 해석되는 현장이 과연 얼마나 될 것 인가를 생각해 보면, 시각 정보만으로 실내 기류의 유동을 짐작해 낼 수 있는 안목을 기르는 훈련을 꾸준히 해나갈 필요가 있다. 많은 덕트공 자신들은 느끼고 있지 못하지만, 수많은 시행착오와 축적된 경험으로 기류에 대한 어느 정도 나름의 감각적 훈련은 이미 되어 있다고 생각한다.

4-1. 바람이란

○ 바람이란 무엇인가?

○ 바람의 원인은 무엇인가?

○ 바람의 세기는 어떻게 표시하나?

바람은 風(풍), Wind(윈드)로 표기한다. 바람은 공기의 이동을 말하며, 이는 공기의 흐름이 멈추지 않고 일정한 속도로 이동하는 것을 말한다. 정지한 공기는 바람이라 부르지 않듯이 덕트 설계를 한다고 함은 바람의 크기와 세기를 결정하여 필요한 곳에 목적한 양만큼 적절히 분배하는 것을 말한다. 바람의 크기는 덕트 내에서 이동한 공기의 양으로 풍량(風量, air volume)이라 하고 CMH로 표기한다.

CMH는 Cubic Meter per Hour로써

- Cubic[큐빅] 체적으로 부피의 개념-3제곱(m^3)-

- Meter[미터] 길이로서 길이의 단위-100센티미터(cm)-

- per[퍼]…에 대하여, 뒤에 오는 단위에 대하여-(/)-

- Hour[아워] 시간-60분(min)-

1시간 동안 이동한 바람의 크기, 풍량(風量) 뜻한다.

풍량의 단위는 세제곱미터(m^3)로 부피 개념이다.

예) 3,600CMH

- 1시간 동안 이동한 3,600m^3 공기량을 말한다.

- (m^3/h)[미터 3승 퍼 아워] CMH와 같은 부피의 크기로 사용한다.

'바람의 세기'는 '덕트' 관을 흐르는 공기의 이동 속도와 실내로 흐르는 공기의 속도를 풍속(風速·air velocity)이라 하고, 'm/s'로 표기한다.

㎧ 풍속(風速·air velocity)은

meter per second로 속도의 단위이다.

미터 퍼 세크라 읽고,

초속(秒速)으로 1초 동안 이동한 거리(미터·m)를 말한다.

10㎧는 1초에 10미터 속도로 이동하는 바람의 세기를 말한다.

공조에서 풍속의 단위는 ㎧이다.

바람의 원인은 무엇인가?

바람은 기압 차에서 일어난다.

바람은 기압이 높은 곳에서 낮은 곳으로 흐른다.

기압 차이의 원인은 무엇인가?

기압 차이는 공기의 온도 차에서 일어나고,

공기의 온도 차는 수열량(受熱量)에 의해서 발생한다.

수열량(受熱量) 차이에 의한 공기의 이동을 대류(對流)라고 한다.

수열량(受熱量)은 어떤 물질이 바깥으로부터 받아들일 수 있는 열의 크기를 말한다.

[그림 1]은 바람의 원인과 해안으로 밀려오는 파도를 일으키는 바람은 수열량 차이가 그 원인인 것을 보여 준다. 바람의 발생 원인이 기압 차에 있으며, 바람의 진행은 고기압에서 저기압으로 흐른다는 것을 나타낸다.

덕트 시스템에서 바람은 FAN에 의해서 발생하고, 덕트 시스템 계통 전체에 소요되는 압력손실 값이 FAN의 압력(정압·靜壓)이 된다.

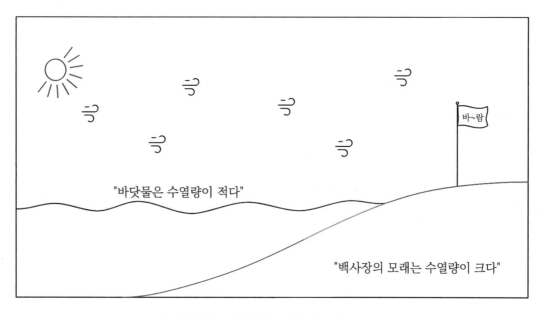

[그림 1] 해안가에 해풍이 파도를 일으키는 이미지

제주도 성산일출봉 해변에서 성산일출봉을 바라보고 있다 하자. 해변 백사장으로 파도가 밀려오는 현상은 백사장과 바닷물이 태양으로부터 받아들이는 수열량(受熱量)의 차이 때문이다. 해안선(海岸線)을 경계로 바다와 육지의 일조량은 같지만, 수열량(受熱量)의 차이만큼 온도 차가 발생한다.

따뜻한 공기는 밀도가 낮고 가벼우며, 찬 공기는 밀도가 높고 무겁다. 바람은 밀도가 높은 공기(고기압)가 밀도가 낮은 공기(저기압) 쪽으로 평형을 이루기 위해 이동하는 공기의 흐름이다. 이러한 현상은 동시에 일어나기 때문에 바람이 부는 방향으로 파도를 일으키게 되는 것이다. 바람의 속도는 기온 차와 기압 차가 클수록 강하고 빠르게 흐른다.

○ 바닷물은 백사장보다 태양의 열을 적게 받아들여 온도가 낮고, 기압이 높아, 공기가 무겁다.
○ 백사장은 바닷물보다 태양의 열을 많이 받아들여 온도가 높고, 기압이 낮아, 공기가 가볍다.
○ 해안가로 불어오는 해풍(海風) 원인은 기압 차에 의한 대류현상으로 설명된다.
○ 해안가로 밀려오는 파도는 기압 차에 의한 대류현상으로 바람을 일으키고, 바람은 바닷물 표면 마찰로 인해 파도가 출렁이게 하는 것이다.

모든 실내공간은 바닥과 천장, 벽에서 온도 차가 반드시 발생한다. 실내공간에서의 온도 차를 일으키는 원인은 조명, 내부 발열 기기, 외부 복사열, 창호와 출입문의 위치, 벽체의 단열성능 차이 등 다양한 원인에 의해서 항상 대류현상이 발생한다. 덕트 시스템의 에어 디바이스 선정과 배치는 이러한 실내공간의 특성을 사전 검토 후에 이뤄져야 한다.

모든 실내공간에서는 항상 대류(對流)가 일어난다. 이러한 대류현상의 원인은 열(熱)에너지의 변화 때문에 발생하는 것이다. 열원(熱源)이 어디에서 있는지를 잘 살펴보면 그 실내공간의 기류 패턴을 이해할 수 있는 기초 정보가 되는 것이다.

출입문과 창문의 크기와 위치, 개폐(開閉) 정도, 그리고 건축물의 방향에 따라서 실내 기류는 변화와 영향을 받는다. 이렇듯 실내 기류패턴을 이해하는 데 필요한 기본적인 사항 이외에도, 조명의 위치, 생산라인의 흐름, 작업자의 보행속도 등을 고려해 냉, 난방 기류를 선정하고, 에어 디바이스(공기 기구)의 선정 위치가 달라지고, 최적의 환기 이행률 또한 이상의 여러 상황을 고려해야만 한다.

○ 바람이란?
○ 바람은 항상 존재한다.
○ 바람은 항상 존재하지만, 누구도 볼 수 없다
○ 바람은 볼 수 없지만, 느낄 수 있다.
○ 바람은 감각을 통해 느낄 수 있다.

보이지 않는 바람을 나뭇잎이 흔들리거나, 태극기가 흔들리는 시각적 감각을 통하여 바람의 세기를 느낄 수 있고, 손가락 사이로 지나가는 바람과 옷자락이 바람에 흔들리는 촉각으로, 겨울밤 전신주가 울어대는 소리와 산사의 풍경소리는 청각을 통해 바람의 세기를 읽을 수 있다. 이러한 감각의 크기를 수치화하려면 풍속계로 바람의 세기를 측정해 보아야 한다. 상당 기간 풍속계로 바람을 측정하다 보면 손끝으로 느껴지는 감각으로도 풍속을 가늠해 낼 수 있다. 운전하면서 창문을 내리고 풍속계와 자동차 속도계를 비교해 보기도 하고, 바람 부는 언덕에 올라 나뭇잎의 흔들림을 수치로 확인해 보는 노력을 하다 보면, 바람은 잠시도 일정하게 불지 않는다는 사실도 알 수 있을 것이다.

중동에서 에어 바란싱 작업 중 영국에 주문한 플로우메져링 후드가 도착이 늦어져, 알루미늄판으로 천장 디퓨저 치수에 맞는 관을 제작하여 풍속계(벤 마노메터)로 에어 디바이스의 풍속을 측정하여 풍량 계산을 하는 시간이 길어지자, 팀원들도 손끝 감각만으로 풍속을 가늠하게 되었다. 에어 디바이스의 5㎧(5미터 퍼 쎄크) 이하 풍속 측정 경험이 축적되면, 주 덕트(main duct)와 분기 덕트의 풍속 측정만으로 그 크기가 감각적으로 이미지화되어 간다.

바람의 크기(풍량)와 세기(풍속)를 이미지화하는 노력이 정말로 중요하다.

감각적 경험을 정확한 수치 데이터로 축적하기 위해선 반드시 풍속계를 장만하여 많이 측정해보기를 권한다. 요즘은 저렴한 제품도 많이 있으니 굳이 비싼 제품은 살 필요가 없고, 가능하면 베인 부분과 디스플레이가 케이블로 연결된 제품을 권하고 싶다.

덕트 설계의 실체는 바람을 제어하는 것인데, 바람의 원인과 특성을 제대로 이해하지 못한 상태에서 덕트 설계를 한다는 것은 어불성설(語不成說)이라고 생각한다. 덕트 설계는 궁극적으로 다양한 실내공간들의 사용 목적에 최적화된 기류를 조성하는 것임을 잊지 말고, 풍속과 기류에 대한 본인만의 이미지 데이터를 형성하는 것이 매우 중요하다 하겠다.

4-2. 토출기류와 흡입기류

덕트 설계는 눈으로 볼 수 없는 공기를 바람의 형태로 제어하는 것이다. 정지된 공기를 바람의 형태로 이동하는 기류(氣流. 공기의 흐름)는 토출기류와 흡입기류로 구분할 수 있다. 같은 속도로 이동하는 에어 디바이스의 흡입기류와 토출기류는 각기 다른 운동 특성으로 실내공기 저항값이 달라진다. 이러한 저항에 대한 이해가 선행되어야 다양한 실내공간에서 최적의 실내 기류를 형성할 수 있는 방법을 찾기가 수월할 것이다.

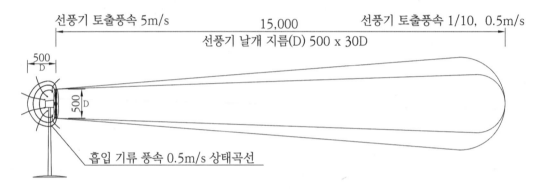

[그림 2] 선풍기 토출·흡입기류 특성

[그림 2]의 선풍기는 지름이 500㎜이고, 5㎧ 풍속으로 돌아가고 있다.

[질문 1] 오른쪽으로 토출되는 바람의 도달거리는 얼마나 될까?

[질문 2] 선풍기로 흡입되는 바람이 느껴지는 거리는 얼마가 될까?

토출기류와 흡입기류의 특성을 설명하는 방법으로, 운동에너지가 미치는 범위를 선정하여 설명하는데, 그 기준을 토출, 흡입 풍속의 1/10이 되는 거리로 나타낸다.

[답 1] 토출기류는 토출 지름의 30배(倍). 500㎜×30=15m(도달거리)

　　　토출 풍속의 $\frac{1}{10}$ (5㎧×0.1=0.5㎧) 되는 지점

　　　선풍기 지름의 30배(倍)가 되는 15m이다.

[답 2] 흡입기류는 흡입 지름의 1배(倍). 500㎜×1=0.5m

흡입 풍속의 $\frac{1}{10}$ (5㎧×0.1=0.5㎧) 되는 지점

선풍기 지름의 1배(倍)가 되는 0.5m이다.

선풍기 앞에서는 멀리까지 시원한 바람을 느낄 수 있지만, 선풍기 뒤에서는 선풍기 보호 철망 가까이 손을 대 봐야 느낄 수 있는 것처럼, 실내공간에서 토출 기구와 흡입 기구를 선정할 때 이러한 특성을 잘 이해하고 선정해야 한다.

같은 운동에너지가 작용하는 거리가 다른 것은 저항값이 길게 적용되느냐, 짧게 작용되느냐의 차이이고, 이러한 차이는 흡입 기구를 선정할 때 토출 기구보다 와류에 의한 소음을 특히 신경을 써야 하는 문제로 나타난다.

도달거리 토출된 기류가 주변 공기저항에 의해 운동에너지가 감소하면서, 주변의 공기 이동 속도와 같아지는 중심 풍속의 풍속으로 규정하고 있으며, 이때 이동한 거리를 말하고, 그 지점을 **정지 공기**라고도 한다.

정지 공기는 제조사마다, 제품마다 다르게 규정하고 있다.

0.2㎧, 0.25㎧, 0.5㎧ 등으로 도달거리는 제조사 카탈로그에 명시되어 있다.

4-3. 공기 압력(壓力)의 이해

공기의 이동 현상을 바람이라 하고, 바람은 압력(壓力) 차로 발생하고, 압력 차의 원인은 수열량 (受熱量)이라 하였고, 공기의 압력 차이에 의한 공기밀도가 평형을 이루려는 것을 대류(對流)현상 으로 설명하였다.

덕트(duct) 내에서 공기의 이동은 팬(Fan)에 의해서 발생한다. 대류현상과 달리 팬(Fan)에 의한 공기 이동은 인위적(人爲的)으로 원하는 풍량을 사용 목적에 알맞게 이송하는 역할을 하게 된다. 팬(Fan)의 회전수를 조절하여 필요한 풍량을 이송하는 에너지를 압력(壓力)이라 한다.

압력은 **단위 면적에 수직으로 작용하는 힘**으로 공조에서 사용하는 압력은 매우 적은 압력으로 수주(水柱 · 물기둥)를 사용한다. 단위는 미리아쿼(mmAq)와 파스칼(Pa)을 사용한다. 아쿼(Aq)는 라 틴어의 물(Aqua)을 뜻하고, 파스칼(Pa)은 미리아쿼(mmAq)보다 $\frac{1}{10}$ 의 적은 단위로 표시할 때 사용 된다.

1mmAq=9.8066Pa

0.1mmAq=0.9806Pa

미리아쿼(mmAq)는 파스칼(Pa)의 9.8배에 해당하는 압력으로,

파스칼(Pa)은 미리아쿼(mmAq)의 1/10(0.1)이 된다.

정압법(靜壓法)으로 덕트 설계할 때

급기 덕트는 0.1~0.15mmAq/m(1미터당 마찰손실값)

리턴 · 배기 덕트는 0.08~0.1mmAq/m의 기준으로 설계한다.

0.1mmAq/㎡ 압력의 크기는,

0.1kg/㎡(1제곱미터 면적 위에 100그램의 무게가 누르는 힘)

공조 덕트 및 환기 덕트는 특수한 경우를 제외하곤 99% 정압법으로 설계한다. 300×200×1,000 사각 덕트의 표면적 전체에 작용하는 압력의 크기가 물 100g 무게 압력(마찰손실값)으로 설계하는 것으로 아주 작은 압력이다. 정압법의 덕트 설계는 덕트 길이 1m에 해당하는 마찰손실값을 덕트

시스템에서 가장 긴 구간의 덕트 길이를 곱하여 전체 마찰손실값을 구하는 것인데, 이러한 마찰손실값(저항값)은 가장 경제적인 방법으로 결정된다.

4-4. 정압[靜壓], 동압[動壓], 전압[全壓]

정압(靜壓·Static Pressure)은 덕트 관 내부에 작용하는 압력으로, 덕트 내부에 공기의 흐름이 없는 상태에서는 측정되지 않는다. 팬이 가동될 때 덕트의 관 벽에 작용하는 압력을 말한다. 정압은 덕트 내부에서 외부로 향하는 압력으로 덕트 내부와 관(管) 벽에서 측정할 수 있다.

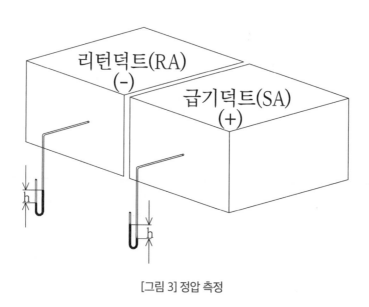

[그림 3] 정압 측정

정압(靜壓·Static Pressure)은 덕트 표면에 수직으로 측정한다.

급기 덕트는 양압으로 (+) 압력이 측정된다.

리턴 덕트는 음압으로 (-) 압력이 측정된다.

압력의 단위는 미리(㎜) 눈금으로 나타난다.

액 관의 매질은 물(水-주로 붉은색 잉크)

대개 공조 조화 덕트의 급기 덕트는 50㎜Aq를 넘지 않고, 환기 덕트 및 배기 덕트도 30㎜Aq를 넘지 않는다. -필터와 코일을 제외한 경우-

동압(動壓·Velocity Pressure)은 덕트 관 내부에 흐르는 바람의 속도에 따른 압력을 말한다. 속도압(速度壓·Dynamic Pressure)이라고도 한다. 동압을 측정하면 여러 번의 풍속을 측정할 필요 없이 풍량과 풍속을 알 수 있다. 요즘은 이러한 계산이 자동으로 환산되는 디지털 계측기를 사용한다.

측정 방법:

○ 피토 튜브를 덕트 내부 측정 위치까지 수직으로 삽입한다.

○ 측정 포인트 위치는 덕트 치수에 따라 체크 포인트를 확인한다.

○ 피토 튜브 헤드는 덕트 내부 바람 방향과 평행 유지한다.

○ 전압은 피토관 헤드 전면 측정부에서 측정되며, 차압계의 (+) 단자에 연결한다.

○ 정압은 피토관 헤드 측면부 6개 측정구에서 측정되며, 차압계의 (-) 단자에 연결한다.

○ 차압계 디스플레이에 동압(動壓)이 표시되며, 동압은 전압과 정압의 차(差)이다.

○ 동압(動壓·velocity pressure)=전압(全壓·total pressure)-정압(靜壓·static pressure)

   Pv=Pt-Ps

○ 전압(全壓·total pressure)=정압(靜壓·static pressure)+동압(動壓·velocity pressure)

   Pt=Pv+Ps

피토튜브의 전압 측정구를 바람이 불어오는 방향으로 측정하면 정압+동압 즉 전압이 측정된다. 덕트 내부에 바람이 지나갈 때, 덕트 내부에서 덕트 표면에 작용하는 압력은 덕트 내부 전체로 적용된다. 따라서 바람이 불어오는 방향에서 측정하면 정압+동압이 동시에 측정된다.

정압 측정구와 전압 측정구를 차압계에 연결하면, 전압과 정압의 차(差)가 동압이 되기 때문에 디지털 차압계를 이용하면 풍속과 풍량을 동시에 알 수 있다.

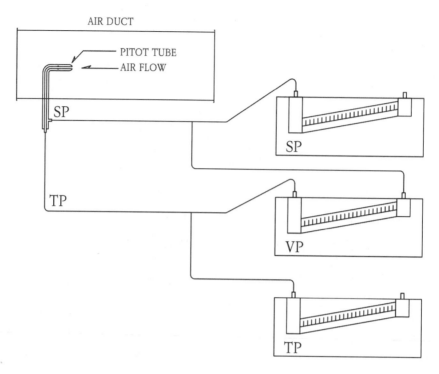

AIR DUCT

PITOT TUBE
AIR FLOW

SP

SP

TP

VP

TP

[그림 4] 덕트 안으로 바람이 불어 들어올 때(SA)

[그림 4]는 덕트 내부로 바람이 불어올 때 측정 방법이다.

실무교육 때 필자의 피토튜브로 자세히 설명하기로 한다.

덕트 설계는 도면작업으로 설계가 끝난 것이 아니다. HVAC Duct System & Ventilation Duct System 시공 후 반드시 TAB 수행 및 평가가 이루어져야 한다. 특히 덕트 공사 수주를 목적으로 덕트 설계를 해야 하는 전문 업체의 덕트 설계자들은 시공 후 TAB을 실시하여 디자인값과 측정값의 차이가 얼마나 있는지를 반드시 확인하는 과정을 거쳐야 한다. 이러한 과정을 통해 발주처에 대한 품질 보증뿐 아니라 설계자의 이론과 현장 실무의 차이를 극복할 수 있는 데이터들이 쌓여서 소중한 자산이 되고 실력이 되는 것이다. 스스로 검증된 신뢰할 수 있는 데이터 축적의 정도가 전문가 레벨을 결정하게 되는 것이다. 자신의 데이터가 없는 이는 아마추어에 지나지 않는다. 이 교재를 보는 덕트공들은 풍속계를 장만하여 자신만의 데이터 축적하기를 바란다.

4-5. 베르누이 원리와 파스칼의 법칙

정압(靜壓·SP), 동압(動壓·VP), 전압(全壓·TP)의 이론적 이해를 위해서 먼저 베르누이 원리에 대한 설명이 있어야 하지만, 초심자들에겐 수식으로 설명하기보다는,

○ 정압(靜壓, 덕트 표면에 수직으로 작용하는 힘),

○ 동압(動壓, 덕트 내부에서 흐르는 바람의 속도 압력),

○ 전압(全壓, 덕트 내부의 관벽 마찰을 이겨내면서 공기를 이송하는 힘)으로 설명하고 측정하는 방법으로 대신했다.

공기도 유체이기 때문에 유체역학의 베르누이 원리와 파스칼의 법칙을 이해하면, 공기공급 및 분배시스템 설계나 문제 해결하는 데 매우 유용할 수 있으니, 유체역학의 기본인 베르누이의 원리와 파스칼의 법칙도 공부하기를 권한다. 그래야만 다양한 공기공급 및 공기분배 시스템 설계를 원만히 할 수 있게 된다. 베르누이 원리와 파스칼의 법칙이 특히 정압법에 어떻게 적용되는지 실무교육 시간에 자세히 설명하기로 한다.

필자의 경험으로 볼 때《기초유체역학》책을 사서 틈날 때마다 유체역학 공부가 어느 정도 되면 기술 영업에 상당한 도움이 된다. 공부를 시작할 때는 분명(分明)한 목표(目標)가 있어야 한다. 실력 있는 HVAC 전문가가 되어 하청을 하지 않아도 되는 사업자가 되겠다는 목표를 가졌으면 한다.

실내환경 전문가는 HVAC(공기조화) 전문가가 아니면 온, 습도·기류·청정도 문제를 통합적으로 해석하기 어렵고, 문제 해결을 위한 엔지니어링 해석과 솔루션 제안 그리고 시공과 측정·평가를 할 수 있어야 하는데, 이러한 스킬을 가진 전문가를 양성해야 한다는 이야기를 들어 본 적이 없다.

본 교재를 보고 있는 후배들은 공조 냉동기계 국가자격증을 반드시 취득하고, 10여 년간은 죽어라 공부하겠다는 각오를 다졌으면 한다.

제5장
풍량에 대해서

앞장에서는 공기조화(空氣調和 · HVAC)에서 환기와 덕트의 기원과 발전을 설명하면서 냉, 난방 못지않게 매우 중요한 분야임에도 관련 제도와 전문가 부재로 실내공기산업의 시장이 왜곡되어 안타깝지만, 실무 경험이 풍부한 후배들이 열심히 공부하여 엔지니어링 능력을 갖추는 길만이 하청을 벗어날 수 있는 유일한 방법이라는 점에서 다시 한번 후배들의 분발을 촉구한다.

눈에 보이지 않는 공기를 적절히 분배하여 실내 사용 목적에 적합한 기류를 조성하는 기술을 완성하는 방법으로, 기류에 대한 감각과 수치화한 이미지 데이터를 갖고 있어야 한다고 강조했고, 관련 개념들을 설명하였다.

이 장에서는 공기의 양 즉 풍량을 수치화하는 약속 또는 규칙을 설명하기로 한다.

① 3,600CMH

② 60CMM

③ 1,000L/S

위 ① · ② · ③은 단위를 달리하는 같은 풍량이다.

이 장에서는 풍량에 대한 표기 방법과 단위, 계산 방법 등을 설명하기로 한다.

5-1. 풍량(風量)이란

공기는 점성이 없는 유체의 하나로 압력단위로 표시하지만,
공기조화(空氣調和)에서의 공기의 양(量)은 중량(重量)이 아니다.
풍량은 유량(流量)으로 부피-체적(體積), volume(볼륨)-의 개념이다.

덕트 설계에서의 풍량(風量)은 덕트를 통하여 이동한 공기의 양.
체적유량(體積流量)으로 시간당 일정 단면을 통과한 공기의 체적.
공기조화(空氣調和)장치(HVAC System)내에서 이동한 바람의 양.
소방설비 중 제연시스템 내에서 이동한 공기의 양.
환기설비 시스템 내에서 이동한 공기의 양.

덕트 내부에서 공기의 이동은 팬(FAN)에 의해서 일어나며,
이때 이송된 공기의 양을 풍량(風量 · Air Volume)이라고 한다.

5-2. 풍량[風量]의 표기

　일반적으로 풍량은 크게 두 가지로 구분되어 사용하는데, 첫 번째로 사용하는 풍량은 1시간 동안 이송한 바람의 양으로 설계도면이나 시방서에서 덕트, 디퓨저 풍량을 표기할 때 주로 사용한다. 이때 중요한 개념은 시간(Hour)이다.

　두 번째로 사용되는 풍량은 장비의 풍량을 표기할 때의 풍량은 1분 동안 이송한 바람의 양으로 공조기, 집진기, 송풍기 등의 송풍 장비의 풍량을 표기할 때로 구분되어 사용된다. 예외로 아주 적은 풍량의 환풍기를 1초 동안 이송한 바람의 양으로 표기하는 업체의 카탈로그도 있으나, 대개 풍량이라 함은 1시간 동안 이송한 바람의 양으로 CMH, ㎥/h 같은 뜻으로 사용된다.

CMH

= Cubic Meter per Hour(큐빅 미터 퍼 아워)

= Cubic 입방 · 세제곱 · 부피(체적)

= Meter 미터-길이 단위-

= per Hour 1시간에 단위시간의 뜻으로 표기한다.

10,000CMH

= 10,000㎥/h

= 1시간 동안에 이송한 10,000세제곱미터의 공기

CMM

= Cubic Meter per Minute(큐빅 미터 퍼 미닛)

= Cubic 입방 · 세제곱 · 부피(체적)

= Meter 미터-길이 단위-

= per Minute 1분 동안에 단위시간의 뜻으로 표기한다.

100CMM

= 100㎥/min

= 1분 동안에 이송한 100세제곱미터의 공기

송풍기의 능력을 나타내는 1분당의 유량 ㎥/min으로도 표기한다.

체적유량이란?

유체의 부피는 단위시간당 주어진 단면적을 통과하는 유체의 부피로 정의한다.

체적유량은 시간당 단면적을 통과하는 체적의 양이다.

5-3. 덕트의 규격과 풍량 계산

덕트의 형상은 각형 덕트, 원형 덕트, 오발 덕트, 플랫 덕트 등으로 구분되고 사용 목적에 따라 아연도강판, 스테인리스 강판, PVC, FRP, AL, G/WOOL, 후렉시블 등 여러 재질과 규격은 시방서와 제조사 카탈로그를 참고하기 바란다. -불필요하게 교재 페이지가 늘어나는 것을 방지하려고 함-

유체의 흐름이 있는 덕트의 단면적과 풍속을 알면 이것을 곱하여 풍량을 구한다.

풍량을 계산한다는 의미는 덕트 치수를 구한다는 뜻이기도 하다.

실무에서는 풍량이 먼저 결정되고 나서 덕트 치수를 구하게 된다.

풍량을 구하는 공식은 **풍량(Q)=면적(A)×속도(V)**이다.

공조 풍량은 냉, 난방 부하의 현 열량에 의해서 결정된다.

그밖에 인허가 관련 법으로 소방법의 제연 풍량, 대기환경보전법의 배출시설의 풍량, 산업안전보건법의 작업환경개선을 위한 법정 환기량 등이 있어, 관련 법령을 숙지해서 적절한 환기량을 선정하여야 한다.

풍량을 계산할 때 단위시간의 환산에 주의하여야 한다.

풍량(Q)=면적(A)×속도(V) -공식의 풍량은 1초 시간의 풍량이다.-

=CMS(㎥/sec)

Q : Quantity · 양을 뜻한다. -시간 단위로 변환된 풍량-

A : Area · 단면적을 뜻한다. -제곱미터(㎡) 바람이 통과하는 단면적-

V : Velocity · 속도를 뜻한다. -초당 풍속(㎧)-

CMM(㎥/min)=(㎡=단면적)×(㎧=초당 풍속)×60(s/min)

- 분(分)당 풍량으로 환산 시 60초를 곱한다.

CMH(㎥/hr)=(㎡=단면적)×(㎧)×3,600(s/hr)

- 시간(時間)당 풍량으로 환산 시 3,600초를 곱한다.

면적(A)=풍량(Q)/속도(V)

- 풍량을 속도로 나누어 면적을 구한다.

속도(V)=풍량(Q)/면적(A)

- 풍량을 면적으로 나누어 속도를 구한다.

위 공식에서 속도(V)의 시간 단위가 ㎧(미터/초)이므로, 1초 시간당 풍량이 구해지기 때문에, 1분은 (60초/1분)이므로 60초를 곱하여 송풍기의 풍량 CMM(㎥/min)을 구한다. 1시간은 (3,600초/1시간)이므로 3,600초를 곱하여 1시간당 풍량으로 공조 풍량 CMH(㎥/h)를 구한다.

Q=A×V에서 구해지는 풍량은 초당 풍량으로 실무적으론 의미가 없고 송풍기, 공조기 선정을 위해서 60초를 곱한 풍량 CMM(㎥/min)과, 덕트 풍량, 디퓨저 풍량 선정을 위해서 3,600초를 곱한 풍량 CMH(㎥/h)으로 시간 단위 환산이 필요한 것이다.

풍량(Q)=면적(A)×속도(V)×3,600이 된다.

예) ND500 덕트의 풍속이 8㎧일 때 풍량을 구한다.

풀이)

Q=Q(㎥/sec)

$\Rightarrow$ A(π×r²)=(3.14×0.25×0.25)×V(8)

$\Rightarrow$ Q(1.6㎥/sec)=A(0.2㎡)×V(8㎧)

$\Rightarrow$ Q(96㎥/min)=1.6(㎥/sec)×60(sec/min)

$\Rightarrow$ Q(5,760㎥/h)=96(㎥/min)×60(min/hr)=5,760CMH

500㎜ 원형 덕트의 단면적(0.2㎡)에 풍속(8㎧) 곱하면, 1.6CMS(㎥/s)

초당 풍량(1.6㎥/sec)에 60초를 곱하면, 96CMM(㎥/min)

분당 풍량(96㎥/min)에 60분을 곱하면, 5,700CMH(㎥/h)

1시간당 풍량 5,700㎥/h 또는 5,700CMH가 구해진다.

도면상에 표기되는 덕트와 디퓨저의 풍량은 CMH(㎥/h)로 표기된다.

제6장
송풍기 선정과 동력계산

    견적 요청을 받고 업체를 방문해서 받았던 여러 질문 중에 변하지 않는 것 중 하나가 송풍기는 "몇 마력이면 되겠는가?"라는 질문이다. 이러한 무식한 질문을 스스럼없이 한다는 것은 그동안 송풍기의 능력을 모터의 마력으로 인식해 온 결과로 시공업자나 발주자 모두 송풍기 모터 동력이 어떻게 결정되는지를 모르기 때문이다.

    "'A'는 '5마력'이라 했는데, "B"는 '3마력'이라 하느냐?'라는 발주 담당자의 이야기를 들으면, "B"도 더 이상 따지지 않고 모터를 5마력으로 바꿔야 하는 경우가 비일비재하다. 이렇게 낭비되고 있는 전력 손실 규모를 전국적으로 계산해 보면 상당한 규모가 될 것이라는 필자의 생각이다.

    이런 상황에서는 그 자리에서 예상 풍량과 저항값을 유추(類推)하여 바로 보는 앞에서 계산기를 두드려 안전율을 포함해도 3마력이면 충분하다고 보여 주어야 한다. 먼저 다녀간 "A"가 제안한 5마력이 얼마나 근거 없는 제안이었는지를 바로 증명함으로써 담당자의 신뢰를 얻어야 "A"가 제안한 견적가보다 높은 견적 금액이라도 발주를 받을 수 있을 것이다.

    송풍기는 모든 건축물의 사용 목적에 알맞은 실내공기환경을 유지하기 위한 필 수 기기이며, 제조 공정과 첨단 산업 설비, 플랜트 설비, 각종 운송기기, 지하 시설, 터널 등이 지속해서 안정되게 운전되어야 하는 매우 중요한 시스템의 일부-장비-이다. 가정에서도 선풍기, 에어컨, 냉장고, 주방 후드, 욕실, 공기청정기, 제습기, 가습기, 컴퓨터 등에도 특성을 달리하는 각종 팬(fan)이 사용되고 있다.

    여러 종류의 송풍기 모두를 설명하기보다는 공기조화 실무에서 많이 사용되는 시로코 팬(다익·多翼 송풍기·multi blade fan)을 중심으로 설명하고, 에어포일팬(익형(翼型) 송풍기·airfoil fan)과 터보팬(Turbo fan·후향익·Backward Bladed Fan)은 동력계산에 관해서 설명하도록 하겠다.

6-1. 송풍기 종류

송풍기 선정은 제조사 카탈로그 성능 데이터를 참조하여 선정하게 된다.

송풍기 선정의 첫 번째 기준은 제조사의 단체표준-품질인증- 유무(有無)이다.

두 번째는 해당 제조사의 주력 제품인가를 살펴서 선정하도록 한다.

HVAC System에서 가장 중요한 어셈블리(Assembully)는 Fan이다.

100여 년 넘는 역사를 가진 제조사들의 AMCA(Air Movement & Control Association international INC·미국 공기 이송 및 조정협회) 단체표준이 세계 기술 표준이라 할 수 있다. 일본은 미국을 통해, 우리는 일본을 통해 기술을 접하고 익혔다. 미국의 기술 표준을 직접 접할 수 있게 된 지금도 일본의 번역서를 통한 기술을 접하고 있다. HVAC System의 핵심은 송풍기 선정이라 할 수 있다.

필자가 소개한 책과 참고한 단체표준·카탈로그는 반드시 읽어 보기를 바란다.

1. 送風機·壓縮機 監修者 金會載 世進社(1998)

2. '단체표준'은 한국설비기술협회(http://www.karse.or.kr)

　　○ 송풍기 성능 인증 기준 KARSE B 0057 : 2017

　　○ 다익 송풍기 KARSE B 0059(2017. 3. 17.)

3. '기술자료'는 ㈜금성풍력(http://www.gsfan.co.kr)

　　2005년 순수 국내기술 최초로 미국 AMCA(Air Movement & Control Association international INC·미국 공기 이송 및 조정협회)로부터 Air Performance Seal(Airfoil Fan & Sirocco Fan)을 인증받은 제조사.

○ ㈜금성풍력의 송풍기 선정 프로그램은 송풍기 선정 실무에 많은 도움이 된다.

송풍기의 일반적인 분류

송풍기는 임펠러 형상, 배출 압력, 용도, 흡입 방식, 휠 방식, 구동 방식 등으로 분류된다. 송풍기는 임펠러의 원심력을 이용하여 공기에 속도와 압력을 가하여 바람을 보내 주는 기기로써 프로펠러(propeller) 또는 축류팬(axial flow fan)과 원심(centrifugal) 또는 방사형팬(radial flow fan) 두 가지 일반적인 분류가 있고, 가장 넓은 의미에서 이들을 구별하는 것은 공기가 임펠러(impeller)를 통과하는 방식이다.

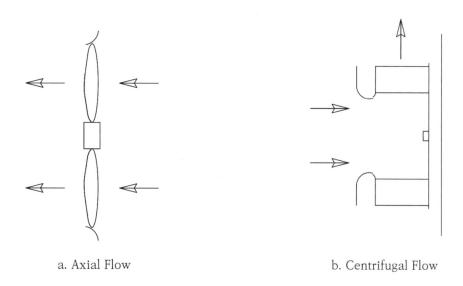

a. Axial Flow   b. Centrifugal Flow

[그림 5] 팬의 일반적인 분류

프로펠러 또는 축류팬은 회전하는 임펠러 블레이드에 의해 생성된 와류 접선운동을 통해 공기를 축 방향(그림 5a)으로 추진한다. 원심팬에서는 공기는 축 방향으로 임펠러로 유입되고 블레이드에 의해 가속되어 반경 방향(그림 5b)으로 배출된다. 원심팬은 정압 에너지(Sp)를 생성하는 공기의 회전 기둥에서 생성된 원심력과 동압 에너지(Vp)를 생성하는 블레이드 끝을 지날 때 공기에 전달되는 회전 속도에 의해서 공기 흐름을 유도한다.

실무에서는 송풍기 특성을 파악하는데 [그림 5]와 [그림 6]의 형상과 원리를 정확히 이해하는 것이 매우 중요하다.

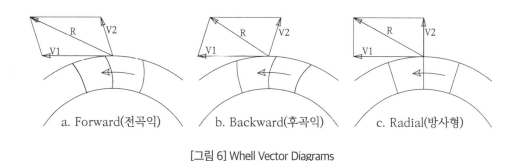

a. Forward(전곡익)   b. Backward(후곡익)   c. Radial(방사형)

[그림 6] Whell Vector Diagrams

[그림 6]의 a, b, c는 각각 전방 곡선, 후방경사 및 방사형 블레이드 임펠러의 힘에 대한 벡터 다이어그램이다. 벡터 V1은 회전 속도 또는 접선속도를 나타내고, V2는 다양한 블레이드 형상에 따른 블레이드 사이 공기 흐름의 반경 속도를 나타낸다. 벡터 R은 이러한 각 블레이드 모양의 결과 속도를 나타낸다.

벡터 R값은 전방 곡선 〉방사형 〉후방경사 순으로 전곡익이 가장 크고, 벡터 R값이 크다는 것은 축동력이 크면서 효율이 낮다는 것이다.

임펠러 형상이 전방 곡선인 시로코 팬은 벡터 R의 물리량이 가장 큰 Fan으로 풍압 보다는 많은 풍량을 일으키는 퍼포먼스를 갖는다. 임펠러 형상이 후방경사(후곡익·뒷굽이)인 터보팬·에어포일팬은 벡터 R의 물리량이 가장 적고 풍량보다는 풍압을 일으키는 퍼포먼스를 갖는다. 임펠러 형상이 방사형인 레디얼팬은 벡터 R의 물리량은 시로코 팬과 에어포일팬의 중간으로 나타나지만, 공조에서는 사용하지 않고 가스 속에 많은 분진이 함유되었을 경우, 톱밥, 분체, 칩 등을, 공기수송을 할 때 사용된다.

6-2. 송풍기 특성

송풍기의 종류에서 살펴보았듯이 송풍기의 임펠러 형상과 케이싱 구조에 따라 각각 다른 성능 특성을 나타낸다. 그러한 고유 특성을 그래프로 나타낸 것이 특성곡선이라 한다. 특성곡선을 살펴 보면 전압과 풍량에 따라 서어징영역과 운전영역 그리고 오버로드영역으로 나누어진다. 이러한 부분으로 나누는 것은 축동력을 기준으로 한다. 전압효율과 정압효율, 특성곡선이 최고점에서 안 정되게 내려오는 구간에서 축동력이 가장 경제적이기 때문에 그 구간을 운전영역으로 결정된다.

각종 송풍기의 다양한 특성곡선을 찾아 운전영역 내에서 송풍기를 선정하는 복잡한 일은 제조사 의 영역이고, 설계자는 다양한 종류의 송풍기를 규격화하여 그 성능을 차트로써 제공되는 퍼포먼 스 데이터를 보고 선정하면 되는 것이다.

송풍기 선정에 있어서 제조사의 선택이 가장 중요한 일일 것이다. 신뢰할 수 있는 데이터를 제공 하는 제조사의 선택이 가장 우선되는 이유는 송풍기 성능의 신뢰성이 설계 시스템의 신뢰성으로 직결되기 때문이다. 그래서 검증된 제조사, 단체표준이나 국제적인 인증의 여부와 제조사의 실험 실 유무(有無) 등이 송풍기를 선택할 때 매우 중요한 사항이 되는 것이다.

덕트 설계를 잘하려면 카탈로그가 관건이다. 예전에는 책자형 카탈로그를 쉽게 접할 수 있었으 나, IMF 이후 카탈로그를 구하기가 어려웠는데, 인터넷의 발달로 신뢰할 수 있는 제조사의 카탈로 그를 PDF 파일로 다운받아 사용할 수 있도록 제공하는 제조사가 많아지고 있으니 참고하기를 바 란다.

본 교재에서도 소개하는 제조사들의 기술자료나 제품 카탈로그를 참고해 보기를 권한다. 아울러 전시회에 자주 참석하면 관련 카탈로그를 쉽게 구할 수 있으니, 전시회도 꾸준히 다녀볼 것을 또한 권한다.

1) 송풍기의 특성곡선

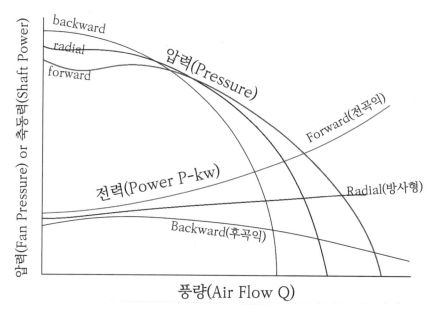

[그림 7] 원심 임펠러의 실제 압력 및 축동력 특성

[그림 7]은 임펠러 특성을 한 차트로 나타낸 원심식 임펠러의 실제 압력과 축동력의 실험 데이터이다. 이 부분은 송풍기 특성을 이해하는 데 매우 중요한 정보를 보여 주기 때문에 실무교육 시간에 자세히 설명하기로 한다.

2) 각종 송풍기의 특성곡선과 특성의 비교

후곡(후방곡선)형, 방사형, 다익(전방곡선)형 송풍기의 특성곡선을 살펴보면 축동력의 차이는 크게 달라지지 않는 데 반하여 압력곡선에서는 다익형 송풍기의 서어징영역이 나타나는 지점을 지나면서는 축동력에 비하여 다소 차이가 나지만, 효율곡선에서는 후곡형 〉 방사형 〉 다익형 순서로 나타난다. 이러한 특성의 결과는 일정한 동력으로 후곡형이 가장 높은 압력과 효율을 낼 수 있다는 것을 말해 준다. 이러한 차이는 각각의 효율이 차이가 나기 때문에 송풍기의 축동력을 계산할 때 적용하는 효율(η)값이 다르게 된다.

학교 급식소 배기량이 부족하여 배기 풍량을 늘리려 할 때, 기존 송풍기 모터 동력이 5마력으로 설치되어 있고, 배기 풍량을 늘리기 위해서 배기팬의 교체가 필요한 결론에 이르게 되었다면, 급식소 주방에 있는 배기팬 제어반의 용량도 5마력에 맞춰 제작되었을 것이다. 배기팬의 설치 위치가 건물 옥상에 있는데, 풍량을 늘려 배기팬의 모터 동력이 7.5마력이 필요하게 되었을 때, 배기팬 제어반은 업그레이드할 수 있지만 배기팬 제어반에서 배기팬이 설치되어 있는 옥상까지의 동력 케이블도 교체해야 하는데, 현실적으로 동력 케이블 교체도 쉽지 않고, 급식실의 전력량도 여유가 있는 급식소가 많지 않다. -초기에 없던 주방기기(식기세척기 등)들이 늘어났기 때문에- 이러한 경우에는 반드시 예산이 초과할 수밖에 없다.

이러한 문제를 간단히 해결하는 방법은 기존의 교체하는 배기팬을 에어포일팬으로 교체하면 기존의 배기팬 제어반, 동력 케이블을 그대로 사용할 수 있을 뿐 아니라, 더욱 정숙하게 배기량을 늘릴 수 있게 되는 것은 바로 송풍기의 특성을 활용해 배기팬의 효율을 높인 결과이다.

6-3. 송풍기 선정

송풍기의 선정은 앞서 기술한 송풍기의 종류와 송풍기의 특성을 고려하여 선정하게 된다. 송풍기의 특성을 이해하기 위해서는 여러 특성곡선 설명해야 하는데, 복잡한 특성곡선 해설은 실무교육 시간에 자세히 설명하도록 한다.

일정 풍량에서 송풍기의 크기는 다익팬이 가장 작지만, 축동력은 가장 크고. 에어포일팬의 축동력이 가장 적게 나타나는 것은 효율이 가장 높은 팬이기 때문이다. 이러한 팬의 특성을 고려해 용도에 알맞은 팬을 선정하게 된다. 초급과정 실무교육 때 도표를 보면서 자세히 설명하도록 한다.

공기조화(空氣調和)설비나 환기(換氣)설비에 사용할 송풍기의 선정을 위한 첫 번째 고려 사항은 시스템 전체의 저항값(전압)에 따라 선정한다. 리턴팬의 경우 대개 30㎜Aq를 넘지 않고, 환기용 급기팬도 프리필터+미듐필터를 적용한다 해도 50㎜Aq가 넘는 경우가 많지 않다. 50㎜Aq가 넘어갈 때는 가급적 에어포일팬을 선정하도록 한다. 다익팬은 제조사 카탈로그에는 100㎜Aq까지 소개하고 있는데, 정말 무모하다고 할 수 있다. 문막 소재 D 업체에 100㎜Aq 다익팬을 여러 대 설치되어 있는 것을 본 적이 있었는데 소음도 클 뿐 아니라, 전기세도 1년이면 송풍기 값 이상을 낭비하게 되는 것이다.

클린룸 공조기(리턴팬 리스형 Return fan less · 리턴팬이 없는)의 내장용 급기팬의 정압도 200㎜Aq를 넘지 않는다. 폴리에스터 공장동 공조기의 경우 450㎜Aq 정압이 필요한 때도 있기는 하지만, 일반 공조기의 경우에는 에어포일팬으로 선정하면 된다. 모 제약회사의 분말 약제를 혼합하는 설비의 팬이 정압이 750㎜Aq였는데, 이후 그 이상의 압력의 팬(fan)을 사용한 기억이 없다.

두 번째로 고려해야 할 사항은 샤프트 베어링의 위치에 따라 편지형과 양지형으로 구분하는 방법이다. 그 기준은 이송하려는 공기나 가스가 베어링을 부식시킬 수 있는 조건(산, 알칼리)인지, 습기(수영장의 배기)나 분진 등으로 베어링의 소손 가능할 때는 이송 공기나 가스에 베어링이 노출되지 않는 편지형을 선정하고, 그밖에 경우에는 양지형을 선정하도록 한다.

편지형을 선정하면 송풍기의 샤프트가 한쪽으로 치우쳐 베어링 베이스가 필요로 하므로 가격이 상승하는 요인이 발생한다. 이럴 때 양지형을 선택하여 주기적으로 베어링을 교체하는 비용과 송풍기의 설치 장소가 협소하고 위험한 위치에 있어 베어링 교체가 쉽지 않을 때 등을 고려해 경제성과 효율성을 비교해 선정하길 권한다.

세 번째로 고려될 사항은 송풍기 브레이드와 모터의 연결 방식으로 직결과 직동 그리고 V 벨트의 3가지 방식 중 하나를 선택하게 되는데, 경험상 직결 타입은 공조나 환기에서 적용하는 경우가 없다.

직동의 경우는 회전수를 조절하여 사용할 경우와 풍량보다는 풍압을 필요한 고풍압 송풍기에 많이 적용하고 있다. IMF 이후 다양한 모델의 직동형 소형 송풍기들이 개발되면서 V 벨트형 다익팬 시장을 잠식하였고, 상업 환기 시장이 커지면서 신규 제조사들의 참여와 다양한 모델 경쟁으로 품질도 안정화된 것 같다. 이러한 직동 방식 선정 기준은 팬 회전수 제어의 필요와 경제성으로 결정된다고 볼 수 있다.

V 벨트 방식은 직결과 직동 방식을 제외한 가장 많이 적용되는 방식이라 하겠다.

다익 송풍기의 선정

공기조화(空氣調和)설비와 환기(換氣)설비의 송풍기의 선정은 제조사의 카탈로그 퍼포먼스 데이터를 보고 결정하게 된다. 송풍기 제조사는 송풍기 크기에 따라 송풍기 특성곡선의 운전영역에 해당하는 선정표(選定表)를 제시하고 있다.

'송풍기를 선정한다.' 함은 이러한 제조사의 형식과 기종(機種) 번호(No)별로 구분되어 제공되는 선정표(퍼포먼스 데이터 · Performance data)에서 필요한 풍량과 풍압(전압)대를 찾아서 선정함을 말한다. 덕트 설계는 덕트 사이징뿐만 아니라 에어 디바이스(덕트 기구)도 제조사의 차트(chart · performance data)를 보고 선정하기 때문에 차트를 이해하고 실무에 적절히 적용할 줄 알아야만 한다. 다시 강조하지만 퍼포먼스 데이터 보는 훈련을 열심히 해야 한다.

덕트 시스템 말단까지 요구 풍량이 원활하게 도달하기 위해서 덕트 시스템 전 구간의 마찰손실(저항)값을 구하게 된다. 이렇게 구해진 압력손실값은 전압(정압+동압)값으로 표기하지만, 송풍기 제조사들의 명판에는 정압으로 표기되어 있으니 오해 없도록 한다. 이후 송풍기 압력은 정압으로 표기한다. 이에 대한 자세한 설명은 실무교육 시간으로 미룬다.

[표 3] 시로코(다익) 팬 성능표를 살펴보자.

순	표시	내용	비고
	100CMM×30mmAq		
1	GFCS3-S3	제조사, 종류, 흡입방식, 크기	그린, 다익, 편흡입, 3호
2	Fan의 규격	호칭번호(#·No)	#3
3	Inlet area	흡입구의 단면적	0.216㎡
4	Outlet area	토출구의 단면적	0.173㎡
5	Wheel diameter	임펠러의 바깥지름	497㎜(0.497m)
6	Static pressure	정압-팬 선정정압-	30mmAq
7	Air volume	풍량-팬 선정풍량-	100CMM
8	Outlet velocity	토출풍속	9.5㎧
9	Estimated noise	예상소음	71dB(A)
10	RPM(回轉數)	회전수/분당	680rpm
11	η max	효율 최대선(最大線)	85mmAq·(1120RPM)
12	축동력(軸動力)	동력곡선	1.0kW
13	전동기 출력	축동력×1.2(안전율)	1.5kW

[표 3] 시로코 팬 3호 성능곡선 정보-다익팬-

'덕트 설계의 A~Z는 차트 보기다!'라고 재차 차트 보기를 강조한다.

[표 3]은 시로코(다익) 팬 3호의 퍼포먼스 데이터에 나타난 정보들이다. 한 차트 에 13가지나 되는 정보가 있다. 이러한 정보는 복잡한 계산과 실험을 거쳐야 하지만, 그것은 모두 제조사 몫이라는 게 천만다행이다.

선정표-실무교육 시간에 보기로 한다.-는 해설이 필요한 부분만 표기했고, 영문 단위도 한글과 [표 3]에 정리하였으니 용어 숙지 후 진도를 나가기를 바란다.

모든 성능표의 기준은 좌하귀(左下旬)에서 시작한다. x, y축을 기준으로 우(右)측 y축과 사선, 곡선의 상태선으로 복잡한 수식을 거치지 않고도 필요한 값(데이터)을 취할 수 있게 된다.

풍량 100CMM×정압 30mmAq의 팬을 선정하기로 한다.

'선정표' 하단의 횡렬(橫列 · 수평 방향) 풍량(Air volume) 100CMM과 좌측 종렬(縱列 · 수직 방향)의 정압(Static Pressure) 30mmAq 연장선이 직각으로 만나는 교점(交點)을 Ⓐ라 한다. Ⓐ점은 우측 상단의 η max-최대정압효율선(最大線)- 최대한 가까이에 자리 잡고 있어야 한다. 시로코(다익) 팬의 효율은 40%~60%이다.

정압 효율이 최소한 50% 이상 되도록 선정하는 것이 매우 중요하다.

'선정표'의 GFCS-S3 Sirocco Fan #3 성능곡선-퍼포먼스 데이터-에서 Ⓑ점 (70CMM×30mmAq)은 '최대전압효율선'을 벗어난다. 이런 경우에는 카탈로그에서 아래 번호 #2½을 선정해야 한다. 시로코 팬 2½호 성능곡선과 시로코 팬 2½호 성능곡선 정보를 보면 효율 최고점 부근 Ⓐ 지점에 위치한다. 이에 자세한 설명은 실무교육 시간으로 미룬다.

Sirocco Fan #3-선정표에서 Ⓒ점(150CMM×30mmAq)은 '최대전압효율선'이 절반 정도에 위치하기 때문에 효율이 낮게 된다. 효율이 낮다는 이유는 Ⓒ점의 rpm은 대략 800rpm에 이른다는 것. rpm이 높다는 것은 더 큰 축동력을 필요로 한다. rpm이 높다는 것은 상대적으로 소음도 커진다. 이때 전동기 출력은 3.7kW로 나타난다. 이런 경우에는 카탈로그에서 위 번호 #3½을 선정해야 한다. 시로코 팬 3½호 성능곡선에서 Ⓐ점(150CMM×30mmAq)을 선정하게 되면, Ⓐ점은 590rpm으로 낮아지고, 효율이 높아져 '전동기 출력'은 2.2kW로 나타나고, 회전수가 줄어든 만큼 팬의 소음도 줄어들게 된다. 이에 자세한 설명은 실무교육 시간으로 미룬다.

송풍기 선정 시 풍량과 전압의 교점(Ⓐ, Ⓑ, Ⓒ)을 최대전압효율선에 최대한 가까이 위치하도록 하는 것이 가장 중요하다.

송풍기 선정 시 덕트 시스템 전체에 미치는 저항값이 전압이지만, 송풍기 제조사에서 설계전압을 정압으로 부르고 있다. 송풍기 명판에도 정압으로 표기된다는 점을 유의하기를 바란다.

에어포일팬, 터보팬, 엑셀팬들도 위와 같은 방법으로 선정하면 된다. 이들 팬(Fan)에 대해서 제조사 카탈로그와 시방서를 참조하기를 바란다. 이 부분 해설은 실무교육 시간으로 미룬다. 다익팬을 여러 이름으로 불리고 있는데 이후 **시로코 팬**으로 표기하도록 한다.

소형 시로코 팬의 선정

IMF 이후 국내 상업 환기 시장이 성장함에 따라 직동형 소형 팬들의 수요가 많아졌고, 납기와 설치의 용이함과 특히 제품단가에서 벨트형 시로코 팬을 빠르게 대체했다. 이제는 품질도 안정화되어 신뢰할 수 있게 되었는데, 여기에는 기존 덕트 설비전문업체 들이 가장 큰 공로자라고 할 수 있다. 장비 일람표의 저정압 팬 사양으로 제작이 불가한 벨트형 시로코 팬의 대안으로 저정압(15mmAq 미만) 대역에 탁월한 제품이 아닐 수 없다.

소형 시로코 팬 성능표를 참조한다.
① 20CMM×15mmAq
② 24CMM×5mmAq
③ 24CMM×10mmAq
위 3종류의 팬을 선정한다. -해당 영역대의 팬 모델을 선정한다.-

① 20CMM×15mmAq='A' or 'B'
② 24CMM×5mmAq='A'
③ 24CMM×10mmAq='B'

①의 경우에는 'A' or 'B' 2개의 모델을 선택할 수 있다. 하단의 풍량 20CMM 지점과 좌측의 15mmAq 지점의 교차점을 지나는 2개 기종 중 하나를 선정하면 된다. 선정 기준은 제품 사이즈와 설치의 수월성, 전기소요량과 소음 등을 제품 카탈로그에서 비교하여서 선정하면 된다. 이때 가장 큰 선택 기준이 제품의 단가가 될 수도 있다.
②의 경우에도 'A' 모델을 위의 방법으로 선정하면 된다.
③의 경우에도 'B' 모델을 위의 방법으로 선정하면 된다.
제조사들이 큰 비용과 인력을 들여 개발된 제품을 용도에 알맞게 선택하여 사용하는 데 도움이 되었으면 한다.

송풍기의 규격

시로코 팬의 규격은 임펠러 흡입경의 외경 사이즈를 기준으로 호(戶), #, No 등으로 표기한다.

흡입경 150㎜=1호(戶), #1, No1.

흡입경 300㎜=2호(戶), #2, No2.

흡입경 450㎜=3호(戶), #3, No3.

흡입경 600㎜=4호(戶), #4, No4.

송풍기 규격이 "임펠러 깃 바깥지름의 치수(㎜)를 기준으로, 10㎜를 호칭 번호의 1단위로 하며 세 자릿수로 표시한다."로 단체 규격이 바뀌었지만, 상당 기간은 예전 호칭 번호를 사용될 것 같다.

6-4. 송풍기 동력계산

송풍기의 동력계산을 할 필요 없이 제조사 카탈로그의 퍼포먼스 데이터를 보면 쉽게 알 수 있다. 그러나 5마력과 7.5마력 경계선상에 있을 때, 특히 모터의 마력이 클수록(10hp or 15hp) 갈등이 심해진다. 이럴 경우의 "모터 동력"을 수식으로 구하는 방법을 알아본다.

송풍기 동력 계산법

이론 공기 동력 :

풍량(㎥/min)과 정압(mmAq)을 곱하고, 킬로와트(kW) 또는 마력(hp)을 구하는 팩토값으로 나누어 구한다.

- 이렇게 구해진 값은 실무에선 아무런 의미가 없다.

$La = \dfrac{Q \times Pt}{6,120}$ *(KW)* **Q : 풍량(㎥/min), Pt : 전압(mmAq)**

축동력 :

송풍기는 특성별 효율이 달라서, 킬로와트(kW) 또는 마력(hp)을 구하는 팩토값에 효율값을 곱한 값으로, 풍량(㎥/min)과 전압(mmAq)를 곱하여 구한 값을 나누어 구(求)한다.

$Lb = \dfrac{Q \times Pt}{6,120 \times \eta}$ *(KW)* **η : 송풍기효율**

실제동력 :

'축동력(Lb)'에 모터가 안전하게 사용할 안전율을 더하여 실제 '모터 동력' 값을 정 한다.

$Lk = Lb \times X$ **X: 모터 안전율(25hp 이하 20%)**

(25~60hp 이하 15%)

(60hp 이상 10%)

송풍기 효율

송풍기의 효율은 전압효율을 말한다. 업계에서는 정압효율과 전압효율을 구분해서 사용하지 않는다.

○ 터보팬 : 60~80%

○ 에어포일팬 : 70~85%

○ 다익팬 : 40~60%

제조사의 가공 정밀도에 따라 달라진다고 할 수 있고, 위의 효율은 일반적인 Fan 선정에 사용된다.

실제 동력을 구(求)해 본다.

풍량(Q·300CMM)×(전압(Pt·30mmAq))

시로코 팬의 '실제 동력'을 구(求)한다.

축동력(㎾) 구하는 식

$Lb = \dfrac{Q \times Pt}{6,120 \times \eta} (KW)$ η : 송풍기 효율

$Lb = \dfrac{300 \times 30}{6,120 \times 0.5} (KW)$ **시로코 팬 효율(η) : 50%로 한다.**

$Lb = \dfrac{9,000}{3,060} (KW)$

$Lb = 2.94(KW)$ **축동력에 안전율을 20hp 이하 20%를 적용한다.**

$Lb = 2.94 \times 1.2 = 3.52(KW)$가 **'실제 동력'**이 된다. 여기서 주의할 점은 모터 마력이 단계가 정해져 있으므로 해당 구간의 모터를 선정해야 한다. (1마력(hp)=0.75kW)

300CMM×30mmAq 시로코 팬의 실제 동력은 5마력(hp)이 된다.

3마력(hp)=2.2kW/5마력(hp)=3.75kW/7.5마력(hp)=5.62kW

위 과정을 계산기로 익숙해질 때까지 반복해 보길 바란다.

실제동력(kW)	Q : 풍량 (㎥/min)		300		단위 FAN	kW (hp)
$KW=\dfrac{Q \times Pt}{6,120 \times \eta} \times x$	Pt : 전압 (mmAq)		30		터보팬 (선정)	3.36 (5hp)
	η : 효율	다익팬	터보팬	익형팬	익형팬 (선정)	2.94 (3hp)
		0.5	0.7	0.8		
	x : 안전율	25hp 이하	25~60hp	60hp 이상	다익팬 (선정)	4.71 (5hp)
		20%	15%	10%		

[표 4] 송풍기 동력계산표 -300CMM×30mmAq-

[표 4]는 풍량 300CMM×전압 30mmAq 송풍기 '실제 동력' 계산표이다.

송풍기 효율은 다익팬 50%, 터보팬 70%, 익형팬 80%로 선정한다. 송풍기 안전율은 20%(25hp 이하 모터)를 적용한 3종류 Fan의 '실제 동력' 값의 차이를 알 수 있다. [표 4]에서 알 수 있듯이 가장 효율이 좋은 Fan은 익형(에어포일)팬으로 실무에서 전압(Pt)이 50mmAq가 넘으면 에어포일팬을 선 정할 것을 권(勸)한다. 카탈로그의 중요성을 다시 한번 강조하면서, 제조사의 엔지니어링 데이터 (performance data)에서 필요한 데이터를 읽어내는 훈련을 충분히 해야만 한다.

[표 4]를 엑셀로 만들어 사용하면 팬의 실제 동력을 쉽게 구할 수 있다.

제7장
에어 디바이스(Air Distribution Device) 선정

HVAC Duct System Design의 최종 목적은 재실자가 거주하는 실내공간의 크기와 형태 그리고 용도에 따라 재실자가 쾌적하고 안락한 상태를 구현하기 위한 '공기 분배 기구(air distribution device)'를 선정하여 사용 목적 알맞은 최적의 기류를 조성하는 것이다.

HVAC System을 구성하고 있는 냉동기, 보일러, 공조기, 배관, 전기 및 자동제어 설비들이 최적의 성능을 발휘하고 있어도 이들 설비는 유틸리티일 뿐이다. 최종 목적지 사용 룸(Room) 내부의 공기환경을 조성하는 것은 에어 디바이스를 통과한 공조기류가 재실자의 만족도에서 완성도가 평가받는 것이다. 이렇게 중요한 작업 공정을 수행해 온 이들이 덕트공이다. 이들 외에는 그 누구도 에어 디바이스의 기능과 종류 그리고 취부 등을 완벽하게 이해하는 직종군은 덕트가 유일하다.

소음이 문제가 되거나, 풍량이 부족한 문제가 발생하게 되면, 설계를 재검토하거나 공조기 내장 팬의 성능 문제를 검토하는 등의 TAB을 먼저 수행하는 게 아니라, 대부분 시공한 덕트 업체에 이 문제를 해결하라는 게 현실이다. 하다 하다 안 되면 그때야 소음기를 추가로 설치하거나, 공조기의 팬 모터를 교체한 후 RPM을 조정하는 등의 과정을 거친다. 이렇듯 HVAC System에서 Room 내부 작업과 환경을 이해하는 유일한 직종인 덕트 작업의 중요성을 다시 강조하면서, 자격증조차 없는 업종이기에 더더욱 덕트공 모두가 엔지니어링 능력을 갖추고 있어야 이러한 한심한 일을 당하지 않을 것이다.

에어 디바이스를 선정하기 위한 설계자뿐 아니라 시공하는 자 또한 설치하려는 에어 디바이스의 특성을 이해하기 위해서라도 신뢰할 수 있는 제조사 카탈로그의 엔지니어링 데이터(performance data)를 충분히 활용할 수 있어야겠다.

7-1. 디퓨저(Diffuser)에 대해서

공기조화 시스템 구성기기(HVAC System Assembly) 중에서 실내에 설치되어 재실자에 직접적인 영향을 주는 것은 실내 공간의 천장과 벽에 설치하는 에어 디바이스(Air Distribution Devices)이다. 에어 디바이스의 대표적인 디퓨저(Diffuser)가 14종류에나 이른다는 것은 그만큼 사용 목적이 다른 다양한 실내 공간이 필요하고, 이들의 사용 목적환경에 알맞은 기류를 조성하기 위한 제품을 공급하려는 제조사 엔지니어들 노력의 결과이다. 에어 디바이스의 선정을 위해서는 각종 에어 디바이스의 특성을 잘 이해해야 하지만, 더욱 중요한 것은 다양한 실내 공간의 사용 목적에 알맞은 기류패턴을 이해하는 것이다.

공기확산 성능지수(**ADPI · Air Distribution Performance Index**)는 공기 분배시스템이 충분한 공기혼합이 조성되도록 디퓨저 위치 지정, 디퓨저 유형 선택, 공기 온도 및 속도 분포 평가 등을 포함하는 설계 지수이다. 디퓨저(Diffuser)의 주요 역할은 공급 공기를 분배하고 실내 냉난방 부하를 제거하는 동시에 재실자에게 안락함을 제공할 수 있는 풍속과 온도 분포를 조성하는 것이다.

1946년 · 1948년 · 1949년 설립된 *Titus社* · *Krueger社* · *Price社* 3개 회사는 ADPI 기반 디퓨저 선택 가이드가 개발될 수 있도록 자사 제품들을 제공하는 신뢰할 수 있는 업체들이며, 카탈로그에는 무려 200여 종류의 에어 디바이스 제품을 소개하고 있다. 위 3사(社)의 모든 제품은 국제적으로 인정받는 인증된 실험실에서 측정의 실행 및 품질은 ISO 9001에 따른 품질관리 매뉴얼에 따라 결정되며 정기적으로 확인하는 신뢰할 수 있는 엔지니어링 데이터를 제공하고 있다.

국내 제조사들도 이러한 노력을 기울여야 하는 이유가 위 3사(社) 제품을 구매하여 시공한다는 것은 현실적으로 불가능하기 때문이다. 구매할 수 있는 제품을 우선 선정할 수밖에 없는데, 중국산에 시장을 잠식당하지 않으려면 국내 제조사들이 힘을 합해 단체규격을 만들어 설계에 반영하고, 품질 기준을 단체규격 이상으로 시방서에 명기함으로써, 품질을 보장하는 제조사들이 성장할 수 있는 노력할 때가 되었다고 본다.

모든 에어 디바이스는 제조사들이 실험을 거쳐, 설계자들을 위해서 단체표준을 정하고, 사용 목적에 적합한 성능의 제품을 선택할 수 있는 기준을 제공하는 것이다.

ADPI(공기 확산 성능지수)는 HVAC DUCT SYSTEM DESIGN 초급과정의 초심자가 이해하기 어려운 개념이다. 에어 디바이스 선정을 위한 제조사들의 엔지니어링 데이터가 어떤 과정을 거쳐 생산되는지 소개를 하는 것이니 공부를 심도 있게 하려면 웹 검색을 통해서 오리지널 자료를 참고하기를 바란다. 자세한 설명은 실무교육 시간에 설명하기로 한다.

7-2. 디퓨저(Diffuser) 선정

여러 종류의 에어 디바이스 가운데 대표적으로 사용되는 디퓨저를 중심으로 선정 방법을 설명하도록 한다. 본 교재의 집필 난이도는 실무교육 예습교재로써 중졸 학력 이상으로 덕트 실무 3년 차 경력자들의 눈높이에 맞추려 개념 설명(배경지식)에 비중을 두고 있다. 디퓨저 선정을 위한 개념과 용어들을 먼저 숙지하도록 한다.

명칭	개념	단위
Air flow(풍량) Air Volume(풍량)	각 공간에 전달되는 공기의 량	CMH · CFM · L/S
Neck Velocity(노즐풍속)	디퓨저 노즐 통과 풍속	m/s
Velocity Pressure(동압)	디퓨저 풍속에 따른 풍압	Pv 동압(mmAq · pa)
Total Pressure(전압)	디퓨저의 정압+동압	Pt 전압(mmAq · pa)
Noise Criterial(소음기준)	각각의 허용소음레벨	NC(Noise Criterial)
Throw(도달거리)	취출 공기의 정지거리	0.25㎧ · 0.5㎧ · 0.75㎧

[표 5] 디퓨저 엔지니어링 데이터 명칭·개념·단위

[표 5]는 디퓨저 제조사의 디퓨저 퍼포먼스 데이터 구성 요소들이다. 디퓨저는 공간의 형태에 따라 적절한 기류패턴 선택을 위해 기능이 조절된 디퓨저의 수량과 조명기구 그리고 기타 장치의 유형과 데이터를 참조하여 결정한다. 조명기구와 디퓨저 위치가 중복(重複)될 때는 디퓨저 위치를 변경하게 되는데, 이런 문제점을 해결하기 위해 조명기구와 디퓨저 일체형 디퓨저인 Light Troper Diffuser(라이트 트로퍼 디퓨저) 제품을 선정하면 되듯이 장치의 유형과 데이터를 잘 활용하는 것이 중요하다.

디퓨저 선정 순서의 **첫 번째**는 각 공간에 전달되는 **풍량**을 결정한다.
두 번째로 사용 목적에 알맞은 각각의 **'허용소음레벨 토출 풍속'**의 규격 제품을 선정하면 된다.

NO \ CLASS	Typical Application (사용 목적)	NC Range (소음기준) (dB)	Communication (의사소통)		Remarks
			전화	대화(m)	
1	Concert Halls, Sound Reprodution Studios	20-25 (30-35)	E	9-15	Excellent(우수)
2	Board Rooms, Concert Rooms	25-30 (30-40)	E	6-12	Excellent(우수)
3	Private Office, Banquet Rooms, Hospital Rooms, Movie Theaters	30-35 (40-45)	G	3-9	Good(좋은)
4	Buiding Lobbies, Restaurants, General Offices	35-40 (45-50)	F	1.8-3.6	Fair(적정한)
5	Hall and Corridors, Cafeterias	40-45 (45-50)	F	1.2-2.7	Fair(적정한)
6	Department Stores(Main Floor), Restaurant Kitchens	45-50 (55-60)	P	0.9-1.8	Poor(불충분한)
7	Manufacturing Areas	Over 50NC	VP	0.3-0.6	Very Poor

[표 6] Recommended NC Level *Source: COSMOS*

[표 6]은 디퓨저 선정할 때 각각의 풍량이 결정되고 난 후 사용 공간에서 이뤄지는 의사소통의 유형별 실내 소음기준을 선택할 수 있는 데이터이다. [표 6] 이외의 실(room) 용도에 알맞은 소음 허용 기준 자료를 많이 확보하여 자신만의 Design Data Base가 있어야 한다. 재차 강조하지만 디퓨저 소음으로 인한 오류를 범하지 않기를 바란다.

[표 6]을 기준으로 **NO3 Private Office(개인 사무실)**의 소음 허용 기준 **NC30-35**으로 디퓨저를 선정하도록 한다.

※ 최우선 사용 목적에 맞는 방(room)의 소음기준을 확인한다.

개인사무실 (허용소음레벨 기준) 디퓨저 선정 Metric Data									
CLASS⁄company	Neck Size	NC	Neck Vel	Air Flow	Pt	Pv	Throw(m)		
			m/s	CMH	mmAq	mmAq	0.25	0.5	0.75
TITUS	200 DIA	22	4.06	474	2.28	1.02	3.66	1.83	1.22
KRUEGER		20	4.06	475	2,27	1.28	4.2	2.9	2.0
Price		22	4.06	474	2.94	1.02	3.96	2.44	1.83
Source : **Titus** Square Ceiling Diffuser Performance Data-mm, m F110 **KRUEGER** M1400,M51400 Performance Data: Horizontal Throw B1-11metric data **Price** SCD Performance Data p5									

[표 7] *Titus · KRUEGERS · Price* quare Ceiling Diffuser Performance Data

[표 7]은 **PRICE, TITUS, KRUEGER** 세 회사의 같은 규격(200 DIA)의 천장형 각형 디퓨저 성능 데이터이다. 목지름(ND) 통과 풍속(4㎧)을 기준으로 세 회사의 데이터를 비교해 보았을 때, 소음 기준, 동압, 도달거리에서 조금씩 차이를 보인다. 이렇듯 제조사별 퍼포먼스 데이터가 차이를 나타내기 때문에 설계자는 반드시 구매할 수 있는 제조사의 카탈로그를 참고하여만 한다.

일반적으로 NC 30 이하의 레벨은 조용한 것으로 간주(看做)되는 반면 NC 50 이상의 레벨은 노이즈로 간주(看做)된다. 디퓨저 선택은 가급적 NC30 이하에서 선정하고, 노즐 풍속은 4㎧를 기준으로 선정하면 크게 문제가 되지 않는다. 노즐 풍속을 높여서 풍량을 늘리고자 할 때는 매우 신중히 선택하도록 한다.

예제) 영화관의 디퓨저를 선정하도록 한다.

① [표 6]에서 도서관의 소음기준(NC)을 확인한다. -영화관 30~35NC·40dB-

② [표 7]에서 [표 8] 데이터를 결정한다.

종목	ND150mm	ND200mm
노즐풍속(m/s)	4.0m/s	4.0m/s
소음기준(NC)	16NC	22NC
풍량 CMH(㎥/h)	267CMH(㎥/h)	474CMH(㎥/h)
동압(Pv)	1.016mmAq	1.016mmAq
최대 확산반경(0.25m/s)	3.05m	3.96m
결정 풍량	250CMH(㎥/h) 이내	500CMH(㎥/h) 이내

[표 8] 영화관의 디퓨저 선정 예시

ND150mm, ND00mm 모두 소음기준이 16NC와 22NC으로 영화관의 소음기준 30~35NC을 만족한다.

목지름(ND) 150mm 풍량 250CMH 이내(以內)로 선정한다.

목지름(ND) 200mm 풍량 500CMH 이내(以內)로 선정한다.

다시 강조한다!

에어 디바이스 선정 시 최우선 선택지는 **소음레벨**이다. 모든 카탈로그에는 풍속이 먼저 표기되기 때문에 대다수 디자인 가이드에서 풍속을 기준으로 에어 디바이스를 선정하라 하지만, 선택된 풍속은 소음기준이 선행되어 이를 만족하는 최댓값으로 나타난 것이라는 점을 꼭 기억하자. 이러한 소음기준이 되는 것은 사용실(Room)에서 어떤 커뮤니케니션(의사소통)이 일어나는가에 있다. 은행 창구에서는 창구 직원과 고객은 1m 내에서 커뮤니케이션이 일어나고, 소회의실의 경우 5~6m 거리에서 커뮤니케이션이 일어난다. 두 경우에 에어 디바이스에서 발생하는 소음레벨이 해당 의사소통에 방해받지 않을 정도의 소음레벨이 각각에 해당하는 소음기준이 되는 것이다.

HVAC System에서 가장 중요한 것이 경제성이다. 두 Room에 적용되는 에어 디바이스의 ND 풍속을 달리하는 것이 기본 선정 원칙이라고 생각한다.

같은 라인 덕트에서 여러 구경(口徑)의 디퓨저를 선정할 때 압력손실값을 같은 압력손실값으로 선정한다. 풍속을 같게 선정하면 압력손실도 같아질 것 같지만, 그렇지 않으니 반드시 카탈로그 저항값을 확인하여 저항값을 일치하도록 한다.

공급 공기 온도와 실내공기 온도가 같은 조건은 있을 수 없다. 모든 카탈로그의 성능 데이터는 공급 공기와 실내공기가 같은 조건(等溫·등온)이다. 냉방과 난방 공급 공기는 실내공기의 온도 차에 의해서 하강과 상승을 하기 때문에 각 제조사의 카탈로그에는 이러한 온도 차에 따른 보정값을 제시하고 있다.

토출 풍속에 따라 풍량이 증가하는 만큼 소음도 증가한다. 카탈로그 퍼포먼스 데이터의 NC값과 Neck Velocity 그리고 Octave Band, dB의 값을 참고하여 잘 활용하면 실무에 도움이 된다. 고려해야 할 점은 댐퍼가 없는 조건인지, 댐퍼가 부착된 조건인지 확인하여 댐퍼가 부착되었을 때 댐퍼의 저항값과 소음레벨을 고려하여 적용하도록 한다.

디퓨저는 토출 브레이드 형상에 따라 냉방의 경우 수평기류 형태로 확산하여 대류현상으로 찬 공기가 서서히 아래로 하강하는 기류가 형성되어야 하고, 난방의 경우 수직기류가 형성되어 거주 영역 아래까지 충분히 하강한 후 대류현상으로 실내 전체로 확산되어야 한다.

기존의 디퓨저는 냉방과 난방에 적합한 각각의 기류를 조성할 수 없었다. 하지만 기술의 발달로 디퓨저 노즐을 통과는 공기의 온도 변화에 따라 수평기류와 수직기류를 만들어 주는 기능을 갖는 디퓨저가 이러한 문제점을 해결해 주고 있다. 디퓨저의 주요 기능은 실내 사용 목적에 알맞은 기류를 조성하는 것이다. 이러한 디퓨저의 주요 기능은 제조사 카탈로그 퍼포먼스 데이터를 보고 결정하기 때문에 제조사 카탈로그를 충분히 숙지해야 한다.

특히 에어 디바이스 선정할 때 최우선 고려해야 할 사항은 사용 목적에 적합한 소음레벨을 유지하는 것이 매우 중요하다는 점을 다시 강조한다. 디퓨저의 도달거리 적용 방법에 대해서는 실무교육에서 자세히 설명하기로 한다.

Airflow(10CFM) → (17CMH), (10L/S) → (36CMH)로 환산한다.

7-3. 그릴(Grille) 및 레지스터(Register)

그릴(Grille)의 재질은 주로 알루미늄으로 제작되며 필요에 따라 도장을 하기도 한다. 그릴은 압력손실과 소음이 적으며, 에어로 블레이드를 개별적으로 조절할 수 있어 0°~45° 자유롭게 조절할 수 있다. 그릴은 에어로 블레이드(Aero blade)가 이중 편향(double deflection)으로 되어 있어, 전면 블레이드 세팅 유형이 공기 패턴에 가장 큰 영향을 미치므로 특정 요구 사항에 따라 선택해야 한다.

VH 모델은 전면 수직 조절식 블레이드와 후면 수평 블레이드가 있는 이중 편향 그릴로 수직 전면 블레이드는 다양한 레이아웃에 맞게 공기 패턴의 확산 및 투사 거리를 제어하는 데 적합하다.

HV 모델은 전면 수평 조정 블레이드와 후면 수직 블레이드가 있는 이중 편향 그릴로. 수평 블레이드는 공기 패턴의 상승 및 하강을 제어하며 일반적으로 천장을 따라 위쪽으로 차가운 공기를 제어한다.

블레이드 피치가 12.5㎜(미국 제조사 카탈로그)는 리턴용으로 주로 쓰이나, 국내 제조사들은 대부분 20㎜ 규격을 사용하기 때문에 제조사 카탈로그의 모델 규격을 잘 살펴보아야 하며, 취출구와 흡입구 규격이 자유 면적 또는 코어 면적을 표기한 것인지도 확인해야 한다.

- **VH** Vertical(수직·전면 블레이드)+Horizontal(수평·후면 블레이드)
- **HV** Horizontal(수평·전면 블레이드)+Vertical(수직·후면 블레이드)
- **자유 면적** 취출구와 흡입구의 가로×세로 내부 면적에서 블레이드를 제외한 공기가 통과하는 면적
- **코어 면적** 취출구와 흡입구의 가로×세로 내부 면적으로 통상 제조사에 주문하는 규격

○ 그릴을 벽면 취출 시에는 가능한 한 높게 설치하되 천장 면 아래 300㎜ 정도의 공간을 두어 설치하도록 한다. 취출구 1차 공기로 2차 공기가 유도될 때 천장 면에 가까울수록 와류에 의한 도달거리가 짧아지기 때문이다.

○ 그릴의 취출 공기 도달거리는 취출 벽면에서 마주한 벽면의 거리의 75% 되는 거리를 선정하도록 한다.

○ 그릴의 흡입구 풍속은 2.5㎧~3㎧ 범위를 넘지 않도록 한다.

○ 제조사에 따라 도달거리·코어 풍속이 다를 수 있으니, 카탈로그의 성능 데이터를 잘 숙지하 도록 한다.

- **코어 풍속** 취출구 1차 취출 공기의 중심 풍속(㎧)
- **에스펙토비** 취출구와 흡입구 전면의 가로×세로의 비

덕트에 직접 취부하는 취출구의 에스펙토비는 3:1 이상으로 한다.

취출 그릴 선정 시 3가지 조건으로 치수와 압력손실 등을 구한다.

1. 취출 각도 : 0°·22.5°·45°
2. 풍량 : CMH(m³/hr)
3. 도달거리-1차 취출 공기의 중심 풍속(0.75·0.5·0.25㎧)-제조사마다 도달거리 기준이 다를 수 있다. - 중심 풍속(0.75·0.5·0.25㎧)을 결정하는 방법은 실무교육 시간에 자세히 설명하도록 한다.

이제는 차트 보는 방법이 어느 정도 익숙해졌을 것이다. 취출 그릴의 치수 선정도 송풍기 성능곡 선에서 풍량과 정압으로 rpm을 구하는 방법과 같은 방법으로 선정하면 된다.

그릴 선정은 그릴 선정도표의 상태선들을 연결해서 구하는 방법과 제조사에서 그릴 규격별 성 능표를 보고 구하는 방법이 있다. 실무에서는 선택 시간이 빠르고 동시에 여러 규격의 정보를 쉽게 비교할 수 있기 때문에 후자의 방법을 취하게 된다.

그릴 선정도표에서는 풍량과 도달거리 접점을 지나는 면 풍속·정압 손실값을 구할 수 있고, 같 은 방법으로 풍량과 도달거리 접점에서 취출구 치수 부문(sector·섹터)에서 취출구의 치수를 선택 할 수 있다.

예제) 그릴선정도표를 참조하여 풍량 400CMH×도달거리 5m 그릴 취출구를 선정하라.

1) 취출구의 치수

2) 발생 소음

3) 토출 풍속·압력손실 등을 알아본다. 조건 : 취출 각도 0°·중심 풍속

그릴 브레이드 취출 각도 : 0°·22.5°·45°

終風速(종풍속) 0.5㎧ → 말단 풍속(도달거리 지점 풍속) 0.5㎧

예제풀이) 풍량 400CMH, 도달거리 5m 그릴 취출구를 선정한다.

1) *風量(풍량)좌표* 10시 → 4시 방향의 '풍량 400CMH' 연장선과 '도달거리 5m' 수평 연장선의 접
   점을 구한다.

2) *到達距離(도달거리)* 9시 → 3시 방향의 풍량 접점을 사선으로 교차하는 연장선에 표시된 '면
   풍속'과 '정압 손실'을 구한다.

   풍속=2.5㎧ → 3㎧ 구간 6부 선상의 **2.8㎧**

   정압손실=0.9mmAq → 1.3mmAq 구간 6부 선상의 **1.15mmAq**

3) *취출구 치수* 풍량접점 → 6시 수직 방향 아래 吹出口(취출구)치수 부문에서 그릴 치수선과 풍
   량, 도달거리 접점을 수직으로 접하는 취출구의 높이 100~300 각 구간의 GRILLE 幅(폭·W)
   지점을 취한다.

   높이(H) 150으로 선정하면, 폭(W) 395와 유효면적 **0.05㎡** 구할 수 있다

정리하면

○ 풍량(400CMH)×도달거리(5m)일 때

○ 면풍속=2.8㎧

○ 정압손실=1.15mmAq

○ 그릴치수=400×150

○ 유효면적=0.05㎡

○ 발생소음=40dB-취출 면풍속 2.8㎧일 때-

　그릴 선정 도표를 보고 취출구의 치수, 발생소음, 토출 풍속과 압력손실값을 얻는 방법으로 그릴을 선정하는 것은 소위 삽질하는 것이나 다름없다. 덕트 사이징도 마찰 선도를 대신해 덕트 칼쿠레토를 이용하듯, 실무에서는 그릴 치수에 따라 편리하고 정확한 데이터를 제공해 주는 카탈로그 퍼포먼스 데이터를 보고 선정한다.

　제조사는 취출구와 흡입구 규격별 풍량과 도달거리, 풍속, 정압손실, 소음레벨의 성능 데이터 카탈로그를 제공하고 있다.

　덕트에 직접 취부하는 경우 에스펙토비를 3:1 이상 해 주어야 한다. 특히, 환기 덕트의 급, 배기 메인 덕트 하부에 그릴을 직접 치부하는 경우 말단 그릴에서는 급·배기가 안 되는 이유가 에스펙토비를 작게 선정한 경우가 대부분이다. 이 부분도 실무교육 시간에 자세히 설명하도록 한다.

　필자가 클린룸 설계·시공한 지도 26여 년이 넘어서지만 항상 아쉬운 것이 제조사의 필요한 퍼포먼스 데이터가 한두 개 빠져 있어서 여러 제조사의 데이터를 참조해서 나름의 설계자료를 정리하는 일이었다.

　그릴 선정도표에는 취출구 소음자료는 있는데, 흡입구의 소음자료가 없는 것처럼 모든 에어 디바이스의 퍼포먼스 데이터를 완벽하게 제시하는 것은 현실적으로 불가능하기 때문일 것이다. 결국 설계를 잘한다는 것은 신뢰할 수 있는 데이터를 본인 실증(측정) 자료로 재편집된 데이터의 양으로 귀결된다고 생각한다.

[그림 8] Clean Room RA Grille-필자 현장사진-

　[그림 8]은 난류형 클린룸 하부 리턴 그릴 취부 사진이다. 난류형 클린룸 하부 리턴의 설치 높이는 바닥(floor)에서 300㎜ 미만으로 규정되어 있는데, 수직 패널 라운드 베이스 바 바로 위에 그릴 프레임을 얹는다고 해도 바닥에서 50㎜+그릴 높이 250㎜가 되려면 그릴의 가로 폭만큼 패널 하부를 완전히 제거하고 나면 하중에 견디기 어렵기 때문에 패널 원장을 세운 뒤 바닥에서 100㎜ 띄워 컷팅하면 바닥에서 400㎜ 이하로 설치할 수 있다. -하부 리턴 그릴 높이는 300㎜를 넘지 말라는 것이다. 대다수 난류형 클린룸 하부 리턴 그릴의 설치 높이를 500㎜ 이상으로 설치한 업체들이 많은데, 이는 기본을 모르기 때문이다. 클린룸 하부 리턴의 설치 높이와 간격을 잘 준수했으면 한다.

Titus사(社) 피트(feet) 단위를 아래 미터(m) 단위로 변환						
Nom. Duct Size (㎜)	Nom. Duct Area (㎡)	Core Area (㎡)	Core Vel	3.0	3.5	4.0
			Vel. Press.	0.59	0.79	1.01
			0° Total 22.5° Press. 45°	0.96 1.09 1.65	1.32 1.47 2.26	1.72 1.93 2.94
350 × 150	.054	.045	CMH	490	571	652
			NC	14	19	23
			Throw(m) 0° 22.5° 45°	4.9-6.7-9.4 3.6-5.1-7.3 2.1-3.0-4.2	5.4-7.3-10.3 4.2-5.5-7.9 2.4-3.4-4.6	6.4-7.6-10.9 4.9-6.1-8.5 2.7-3.4-4.9

1) 풍량 490CMH, 2) 면풍속 3.0㎧, 3) 동압 0.59mmAq, 4) 전압(0°) 0.96mmAq, 5) 그릴치수 350×150,
6) 소음레벨 14NC, 7) 최대도달거리(0.25㎧) → 9.4m

[표 9] Titus PERFORMANCE DATA aeroblade grilles G17 참조

[표 9] 그릴 350×150 토출 풍속 3㎧ 선택(명암 60%) 부분 해석

○ **Nom. Duct Size(㎜)** 표준 덕트 치수(350×150㎜)

○ **Nom. Duct Area(㎡)** 표준 덕트 단 면적(0.054㎡)

○ **Core Area(㎡)** 그릴 내경의 단 면적(0.045㎡)

○ **Core Vel** 그릴 면 풍속(3.0㎧)

○ **Vel. Press.** Pv 동압(0.59mmAq)

○ **Total Press**

⇒ Pt전압(0° → 0.96mmAq, 22.5° → 1.09mmAq, 45° → 1.65mmAq)

○ **CMH** 풍량(㎡/hr) 490CMH

○ **NC(Noise Criteria)**

⇒ 소음기준 NC14(NC15~20 매우 조용한 상태-녹음실 스튜디오-)

○ **Throw(m) 0°·22.5°·45°/0.75㎧·0.5㎧·0.25㎧**

⇒ 도달거리(m) → 취출 공기의 도달거리는 점유 구역 내에 이르러야 하며, 인체가 기류에 의해
불편함이 제거되는 풍속은 0.3㎧ 이하가 되어야 하므로 취출구 그릴살(terminal airfoil blade)의
취출각도 0°일 때, 도달 거리는 1차 공기의 코어 풍속이 0.25㎧ 지점이 되는 9.4m를 선정한다.

NOM Duct	Duct Area	Neck Vel	Air Flow	0°		22.5°		45°	
				Pt	Throw	Pt	Throw	Pt	Throw
mm	m³	m/s	CMH	Pa	m	Pa	m	Pa	m
457 × 152	0.07	1.69	428	6.7	3.7-5.5-8.9	9.2	2.8-4.3-6.9	11.8	1.6-2.5-4.0
		3.30	694	17.8	6.0-8.0-11.3	24.2	4.6-6.2-8.8	31.1	2.7-3.6-5.1
		4.57	961	34.1	7.7-9.4-13.3	46.8	5.9-7.3-10.3	59.6	3.5-4.2-6.0
		5.84	1227	55.6	8.7-10.6-15.0	76.4	6.7-8.2-11.6	97.3	3.9-4.8-6.8
		7.11	1497	82.4	9.6-11.7-16.6	113.3	7.4-9.1-12.9	144.2	4.3-5.3-7.5
610 × 305	0.19	1.52	428	6.7	3.7-5.5-8.9	9.2	2.8-4.3-6.9	11.8	1.6-2.5-4.0
		2.41	694	17.8	6.0-8.0-11.3	24.2	4.6-6.2-8.8	31.1	2.7-3.6-5.1
		3.30	961	34.1	7.7-9.4-13.3	46.8	5.9-7.3-10.3	59.6	3.5-4.2-6.0
		4.19	1227	55.6	8.7-10.6-15.0	76.4	6.7-8.2-11.6	97.3	3.9-4.8-6.8
		5.08	1497	82.4	9.6-11.7-16.6	113.3	7.4-9.1-12.9	144.2	4.3-5.3-7.5

[표 10] *KRUEGER* 880,5880 Performance Data:HT 11-38,39 W/OBD

-선택 부분 그릴 치수 (457×152), (610×305) 비교 해석-

○ Nom. Duct Size(㎜)

⇒ 표준 덕트 치수 (457×152㎜) · (610×305㎜)

○ Nom. Duct Area(㎡)

⇒ 표준 덕트 단면적 (0.07㎡×457×152㎜) · (0.19㎡×610×305㎜)

○ Neck Vel

⇒ 그릴 면 풍속 3.30^{m}/s (457×152㎜) · (610×305㎜)

○ Air Flow

⇒ 풍량(㎥/hr) (694CMH×457×152㎜) · (961CMH×610×305㎜)

○ 0° · Pt

⇒ 토출각도 0° 전압(Pa) (17.8Pa×457×152㎜)

　　　　　　　　　　(34.1Pa×610×305㎜)

○ Throw(m) 0°/0.75^{m}/s · 0.5^{m}/s · 0.25^{m}/s

⇒ 도달거리(m) (6.0-8.0-11.3) → (457×152㎜)

　　　　　　　(7.7-9.4-13.3) → (610×305㎜)

○ NC(Noise Criteria)

⇒ 소음기준 (NC23×457×152㎜)·(NC33) → (610×305㎜)

[표 10] *KRUEGER* 카탈로그에선 그릴의 전면규격별 풍속과 풍량을 선택한 후, 도달거리와 소음 레벨을 선택하여 선정하게 된다. 제조사별로 제공되는 퍼포먼스 데이터가 다르므로 서너 개의 제조사 카탈로그를 참고해서 취출구를 선정하는 것이 바람직하다.

  필자가 국내에서 추천하는 에어 디바이스 제조사는 "보우에어테크", "선일엔지니어링", "태화공조" 3사의 카탈로그를 참고하기를 바란다. 실무교육 수강생은 3사 중 한 곳 이상의 카탈로그를 다운받아 실무교육 시간에 자세히 설명하기로 한 부분도 예습하기를 바라며, 수강할 때도 반드시 한 개 업체 이상 카탈로그를 지참해야 한다. -소개 업체가 아니더라도 인터넷 검색이 가능한 업체를 우선 하도록 한다.-

  덕트시스템 설계는 결국 시스템을 구성하고 있는 어셈블리 각각의 퍼포먼스 데이터를 참고하여 시스템을 구성하는 것이다. 빈약한 데이터는 완성도 높은 시스템을 구성할 수 없다는 점을 깊이 새겼으면 한다.

  -추천 제조사는 가나다순이다.-

레지스터(Register)

  레지스터는 그릴 후면에 동일한 규격의 댐퍼를 부착하여 풍량을 조절할 수 있는 기능을 갖는 에어 디바이스를 말한다. 제조사 카탈로그에는 취출과 흡입 풍속에 따른 댐퍼의 전압손실과 소음레벨 성능 자료를 제공하고 있으니 참고하도록 한다.

NC Correction Damper(ADD)		NC Correction Blade Deflection			Thow Correction (Multiply)		Pt Correction (Multiply)	
OBD	No OBD	0°	22.5°	45°	OBD	No OBD	OBD	No OBD
0	-2	0	+4	+9	1	0.98	1	0.88

[표 11] *KRUEGER* 880,5880 Performance Data 레지스터 댐퍼(無) 자료

[표 11]은 그림 후면 댐퍼 OBD의 유무에 따른 소음레벨(NC), 도달거리(Thow), 전압(Pt) 등의 보정(Correction) 값을 제공한다.

[표 10]은 데이터는 OBD가 부착된 실험값이다.

[표 11]은 OBD가 없을 때 NC값은 (-2)를 보정해 주라는 것이고, OBD 블레이드 기울기(Blade Deflection)가 22.5°일 때는 (+4)를, 45°일 때는 (+9)의 NC 값을 보정해 주라는 것이고, 전압은 OBD가 없을 때만 (0.88) 값을 보정해 주라는 것이다.

OBD(Opposed Blade Damper) 대향류 댐퍼

Titus社 · *Krueger社* · *Price社* 3사의 성능 실험 데이터 규모는 그저 놀라울 따름이다. 국내 제조업체들도 자체 실험실을 구비하고 다양한 성능 실험 데이터를 제공하여 주었으면 하는 바람이다.

ADPI(Air Diffusion Performance Index)

유량, 음향 데이터, 등각 및 등각도를 기반으로 공기 분배시스템을 설계하는 데 사용되는 평가 방법. -*ASHRAE* 표준 113 사용-

7-4. NOZZLE DIFFUSER

노즐 디퓨저는 도달거리가 길고 많은 풍량을 보낼 때 가장 경제적인 표준 모델 노즐디퓨저는 시민회관, 강당, 전시장 등의 넓은 공간에 효과적으로 적용할 수 있는 디퓨저이다.

제트 노즐 디퓨저는 천장 디퓨저를 통한 공기분배가 불가능하거나 실용적이지 않은 대형공간의 측벽에 배열하여 장거리 제트 기류가 필요한 공항 터미널, 실내경기장 및 강당과 같은 넓은 공간 내 공기공급에 최적화되어 중심선 축에서 ±30° 회전할 수 있고 360° 회전도 가능하다.

스팟 or 펑커 노즐 디퓨저는 쇼핑몰, 전시장, 스포츠 경기장, 산업 및 제조시설, 대형사무실 건물 입구와 같은 넓은 공간 내에서 예측 가능한 공기 조절 방향 제어에 이상적이다. Nozzle의 선회운동과 Spot 확산으로 풍향을 조절한다. 공항, 영화관, 쇼핑몰, 산업 현장의 높고, 넓은 공간 공기공급에 적합하다. 40° 내에서 원하는 각도로 수동 조절이 가능하고, 에어컨 냉방 및 환기에 적합하다. 특히 댐퍼로 풍량 조절이 가능하고 건물 내 측벽과 덕트에 직접 취부되어 넓은 지역의 장거리 투사와 취출 공기의 방향을 적절히 조절할 수 있는 장점이 있으나, 압력손실이 크다는 단점이 있다.

PUNKA NOZZLE DIFFUSER 차트에서

풍량 500CMH, 도달거리 10m P.K 노즐을 선정해 본다.

⇒ ① 풍량(500CMH)와 ② 도달거리(10m) 접점을 구한다.

⇒ 교점(交點)을 사선으로 지나는 ③ 토출풍속 ④ 압력손실값을 구한다.

⇒ 같은 방법으로 교점(交點)에서 ⑤ 모델(NO16) 취출구를 구한다.

⇒ 카탈로그 취부프레임 치수를 확인해서 덕트의 최소 높이를 정한다.

풍량 500CMH, 도달거리 10m P.K NOZZLE DIFFUSER 선정한다.

1) 풍량 선택

⇒ 하변(下邊) "AIR FLOW RATE(CMH)"에서 풍량 500CMH 선택한다.

2) 도달거리 선택

⇒ 좌변(左邊) "THROW(m)"에서 도달거리 10m 선택한다.

⇒ "풍량 500CMH"과 "도달거리 10m"의 교점(交點) 구한다.

3) 토출 풍속을 구한다.

⇒ 교점(交點) 지나는 사선(斜線) 8시 방향 토출풍속 5.7㎧를 구한다.

4) 압력손실을 구한다.

⇒ 교점(交點)을 지나는 사선(斜線) 2시 방향 소요정압 2.0㎜Aq를 구한다.

5) 모델을 구한다.

⇒ 교점(交點)을 지나는 사선(斜線) 7시 방향 모델 NO16를 구한다.

1)~5)을 정리하면,

풍량(500CMH)×도달거리 (10m) → (5.7㎧)·(2.0㎜Aq)·(PK-16)

모델 PK-16의 제원은 다음과 같다.

1) 토출노즐 DØ 165㎜

2) DUCT PØ 320㎜

3) 취부프레임 CØ 360㎜

4) 취부용 볼트위치 AØ 335㎜

5) 취부용 볼트갯수 5EA

모델 PK-16을 설치할 덕트의 높이(H)는 최소 400H가 되어야 360Ø를 설치 가능하다. 이 점을 특히 주의하여야 한다. 실무교육 시간에 현장 실무 사진을 보면서 자세히 설명하도록 한다.

7-5. LOUVER

루버는 건물 외벽 개구부에 설치할 때 공기의 흐름은 허용하지만 빗물, 모래 및 기타 원치 않는 물질의 유입을 차단하는 여러 개의 블레이드로 구성된 에어 디바이스이다. 외기를 흡기할 때 빗물이 덕트나 건축물 안으로 딸려 들어오는 것을 방지하기 위해 경사진 블레이드(Blade) 구조로 공기의 저항을 크게 받는다. 뒷면에는 새, 벌레의 침입을 막기 위해 아연도 철망이나 동망(銅網)을 설치하기도 한다.

흡입 풍속에 따라 빗물 유입을 방지하기 위한 여러 모델을 제시하는 외국 제작사와 비교해 국내 제조사들은 아직은 아쉬운 면이 있다. 알루미늄, 철 재료에 따라 블레이드의 치수와 피치가 달라 제조사의 규격별 성능 데이터를 참조해야 한다.

루버 블레이드 형상은 비(非)배수형("Z" or "J"-TYPE)이 수 세기 동안 건물건축에 사용되어 많은 양의 공기 흐름을 제공하지만, 빗물 방어에는 효과적이지 못해 배수형("K"-TYPE) 블레이드 루버가 개발되었지만, 필자는 국내에서는 아직 경험해 보지 못했다.

AMCA는 ANSI/AMCA 표준 500-L 등급을 위한 루버 테스트의 실험실 방법을 1999년에 새로운 테스트를 추가했다.

루버 선정의 일반적인 세 가지 성능 기준은 아래와 같다.

- ○ **압력 강하** 공기 성능이라고도 하는 압력 강하는 공기 흐름 시스템에서 두 지점 사이의 압력 차이다.
- ○ **자유 면적** 백분율로 표시되는 자유 면적(Free Area Ratio)은 공기가 통과할 수 있는 최소 영역이다. 루버 프레임 단면적(Face Area)과 혼동하지 말 것.
- ○ **물 침투 저항** 특정 기류 조건에서 루버를 통과하는 물의 양. 루버를 통과하는 물의 무게를 자유 영역 속도를 자유 영역으로 나눈 값이다.

AMCA 루버 인증에 대해서

루버를 지정하기 전에 설계자는 루버의 성능을 이해해야 한다. 결정을 돕기 위해 설계된 많은 테스트 방법과 인증이 있지만 루버 제조업체는 다양한 테스트 방법과 실험실 설정을 사용하여 자체 보고된 성능 데이터에 도달한다. 카탈로그화된 성능 데이터가 정확하고 최신인지 확인하려면 타사 인증 기관을 사용하는 것이 좋다. AMCA는 바로 그러한 인증 기관이다. 루버의 성능을 테스트하고 평가하는 데 사용되는 가장 일반적인 AMCA 표준은 ANSI / AMCA 표준 500-L이다.

AMCA는 또한 공기 제어 제품에 대한 AMCA CRP(Certified Ratings Program)을 관리하고 유지한다. 성능 등급 인증 지침은 AMC Publication 511, Certified Ratings Program-Product Rating Manual for Air Control Devices에서 찾을 수 있다.

제품이 CRP를 통해 라이선스 되면 지정자는 국가 공인 표준에 규정된 방법에 따라 성능 테스트 데이터가 수집되었는지, AMCA 직원이 제품 라인 카탈로그를 직접 확인하여 등급 및 정보를 확인했는지 확인할 수 있다. 정확하고 정보의 지속적인 무결성을 보장하기 위해 제품 라인이 지정된 간격으로 점검 테스트를 거쳤는지 확인해야 한다.

건물 소유주와 설계자가 극복해야 할 과제는 항상 존재한다. 신선한 실외 공기에 대한 요구가 증가하고 전체 시스템 효율성이 강조됨에 따라 루버 건설 기술 및 테스트 표준이 꾸준히 개선되어 건물 건설 시장의 진화하는 요구 사항을 충족하는 데 도움이 되고 있다. 프로젝트 위치의 설계 요구 사항과 사용 가능한 루버의 종류를 이해하면 적절한 환기 및 최적의 시스템 효율성을 허용하는 가장 적합한 루버를 선택하는 데 도움이 된다. AMCA 인증 루버를 지정하면 설계가 의도 한대로 작동하는지 확인하는 데 도움이 된다. 국내 업체들도 AMCA 인증 기준에 적합한 성능 데이터를 제공해 주기를 바란다.

차트 보기 풍량 10,000CMH 외기(OA) 루버 선정 순서

1) 풍량 선택

⇒ 하변(下邊) 풍량 CMH에서 풍량 10,000CMH 선택한다.

2) 소음레벨 선택

⇒ 웨이브 사선(斜線) dB 곡선에서 40dB를 선택한다.

3) 풍량 10,000CMH과 소음레벨(40dB)의 교점(交點) 구한다.

4) 코어 면적(㎡) 선택

⇒ 교점(交點)을 지나는 사선(斜線) 7시 방향 1.5㎡를 구한다.

5) 흡입 풍속(㎧)을 구한다.

⇒ 교점(交點)을 지나는 수평선(水平線)과 좌변(左邊)의 흡입 풍속 1.8㎧를 구한다.

6) 소요 압력손실(㎜Aq) 선택

⇒ 교점(交點)을 지나는 수평선(水平線)과 우변(右邊)의 소요 압력손실 2.8mmAq를 구한다.

풍량(CMH)	소음레벨	코어 면적	흡입 풍속	압력손실
10,000	40dB	1.5㎡,	1.8m/s,	2.8mmAq

[표 12] OA Louver 10,000CMH 데이터

CMH	INTAKE AIR LOUVER					EXHAUST AIR LOVER			
	㎡	SIZE	m/s	dB	mmAq	㎡	m/s	dB	mmAq
1,000	0.15	500×300	2.0	29	3.5	0.12	2.5	34	5.5
2,000	0.28	700×400	2.0	36	3.5	0.23	2.5	39	5.5
3,000	0.42	850×500	2.0	39	3.5	0.4	2.1	40	4.0
4,000	0.6	1,000×600	1.9	40	3.1	INTAKE AIR LOUVER 알루미늄 루버 전면프레임 25㎜, 서브 프레임 50㎜, 블레이드 피치 42㎜			
5,000	0.75	1,100×700	1.86	40	3.0				
6,000	0.9	1,300×700	1.86	40	3.0				
8,000	1.25	1,600×800	1.86	40	3.0				
10,000	1.5	1,700×900	1.86	40	3.0				
20,000	3.0	3,000×1,000	1.86	41	3.0				

[표 13] IN TAKE AIR LOUVER SIZE

HVAC Intake Air Louver는 전면풍속 2m/s 이하,

Exhaust Air Louver 루버는 전면풍속 2.5m/s 넘지 않도록 한다.

[표 13]의 LR TYPE LOUVER 성능 데이터는 OA-INTAKE-조건의 성능 데이터이기 때문에 EA LOUVER 선정은 적절치 않다. 앞장에서 기류와 압력에 관해서 설명할 때 토출 기류보다 흡입 기류 저항이 크다는 것을 설명하였다. 이러한 차이는 루버의 흡입구가 벨마우스 형상이 아니기 때문에 흡입할 때 와류에 의한 저항이 크기 때문이다.

루버의 전면풍속에 따라 흡기 루버가 배기 루버보다 5~15% 저항값 차이를 보이는데, 실무교육 때 INTAKE AIR와 EXHAUST AIR 비교 차트를 보면서 설명하도록 하겠다. 미국 제조사의 카탈로

그 루버 개구율은 37%, 42% 기준으로 제공하고 있다. 구매할 수 있는 제조사의 루버 개구율이 얼마인지 사전에 확인하는 과정이 필요하겠다.

7-6. CHAMBER & DAMPER

Sound Chamber 챔버 내부에 (흡음재)+(비산방지 페브릭)+(페브릭 보호용 타공판)으로 마감되는 소음챔버라 불린다. AHU SA FAN(에어포일팬) 토출구에 주로 사용된다.

Plenum Chamber 일명 멍텅구리라고 불리며, 챔버 내부에 흡음재가 취부되지 않은 챔버, RA FAN(시로코 팬) 흡입구에 주로 사용된다. 흡음재 재료의 흡음계수와 챔버의 내부 면적, 송풍기 출구와 챔버의 출구 면적, 챔버의 흡입, 토출 덕트의 위치 조건 등을 수식으로 소음 감쇠량을 계산한다.

송풍기의 토출구와 접하는 챔버의 위치와 챔버에서 덕트로 연결되는 위치에 따라 감쇠량이 달라진다. 챔버의 사이징, 챔버의 압력손실, 소음챔버의 소음 감쇠량 등은 실무 교육 때 자세히 설명하기로 한다.

챔버의 선정은 덕트 칼쿠레토를 활용하여 선정하면 편리하므로 실무교육 시간에 자세히 설명하기로 한다. 실무교육 시간에 600평 공장동에 전 외기 AHU 22,000CMH 2대를 설계시공한 자료를 보면서 공조실 외기 루버와 소음챔버의 규격 선정과 설치 과정을 자세히 설명하기로 한다.

*DAMPER*는 덕트 크기와 같은 규격으로 풍량을 조절하거나, 차단, 분배가 필요한 부분에 기능별 댐퍼를 설치한다. 급기의 주(main) 덕트에는 되도록 댐퍼를 설치하지 않는다. 분기(branch) 덕트에는 반드시 VD를 설치한다. 방화 구획을 지나는 덕트에는 FD 또는 FVD를 설치하고 반드시 점검구를 설치한다. 댐퍼의 재질(材質)은 덕트와 같은 재질로 한다. 송풍기 풍량을 조절할 때 송풍기의 흡입 측 덕트에 댐퍼를 설치하여 풍량을 조절한다. 댐퍼의 압력손실은 제조사의 성능 데이터를 참고하도록 한다.

필자 생각

시방서를 충분히 숙지하도록 한다. 시방서 내용은 기술하지 않은 이유는 교재의 분량만 늘어날 뿐이고, 시방서 내용도 배경지식과 해석이 필요한 부분이 많이 있기 때문이다. 시방서 내용을 확실히 이해하려면 최소한 3년 이상의 현장 경력이 필요하다고 생각한다. 시방서도 제대로 이해 못 하는데 설계 공부가 제대로 될 수 있을까? 다시 강조하지만 시방서를 구구단처럼 외운다고 생각했으면 좋겠다.

덕트설계 실무교육이 초급, 중급, 고급반 단계별 학습이 필요한 것은 현장 경험이 뒷받침되어야만 이해할 수 있기 때문이다. 2007년 5월 답답한 심정에 무엇인가라도 해 보자! 하는 마음으로 그동안 현장 경험과 실무 노하우를 정리해 덕트설계 초급과정을 진행하게 되었다. 열정 있는 후배들이 초급과정을 재수강까지 하면서 기본이 다져지자, 자연스럽게 중급(환기) 과정을 준비하게 되었고, 같은 이유로 고급(클린룸) 과정을 진행하게 된 것이다. 고급과정까지 이수한 후배들의 일취월장(日就月將) 성장한 모습을 보면서 많은 보람을 느낀다.

현장 실무를 경험하면서 의문이 생기면, 문제를 해결하기 위한 노력이 선행되어야 제대로 된 선생을 만날 수 있는 것이다. 3년 이하 현장 경력자는 실무교육 신청을 받지 않을 생각이고, 집필 중인 초급교재가 마무리되면 바로 중급과 고급 과정 교재 집필을 할 계획이다.

제8장
HVAC 덕트의 설계

덕트의 설계는 눈에 보이지 않는 공기를 어린아이가 비눗방울을 만들기 위해 입으로 공기를 불어내는 압력보다 적은 압력으로, 사용 목적에 알맞은 풍량과 기류를 가장 경제적인 방법으로 덕트 시스템을 디자인하는 것이다.

눈으로 볼 수 없는 공기의 유동을 이해하는 것이 가장 우선되어야 하므로 자연현상에서 이뤄지는 기류의 원인에 대해서 설명하였다.

바람은 수열량(受熱量)에 따라 공기의 온도 차로 발생하며, 실내에서도 수열량이 많은 곳의 공기가 더워지면 밀도 차에 의해서 상승 기류가 형성된다. 이러한 온도 차로 실내의 공기는 한시도 정지하지 아니하고 끊임없이 대류를 한다. 급기와 리턴의 에어 디바이스 위치 선정은 이러한 점을 충분히 고려하여야 한다.

덕트 시스템은 특정 지점 간에 공기를 전달하는 것이 주요 기능인 구조적 구성이다. 이 기능을 수행하려면 덕트 구성들이 특정 기본 성능 특성으로 만족스럽게 작동해야 한다. 구성 요소에는 철판(또는 기타 재료)의 외장재, 보강재, 이음새 및 조인트가 포함된다. 그리고 이론적으로나 실제적 한계에 대해서는 실무교육 시간에 자세히 설명하도록 하겠다.

8-1. 덕트설계의 기본원칙

덕트 시스템은 되도록 적은 저항으로 공기가 흐르도록 설계되어야 한다.

공기 흐름에 저항이 적은 설계를 위한 유의 사항은 다음과 같다.

사각 덕트보단 원형 덕트가 저항이 적다.

사각 덕트의 에스펙토비는 1:1이 되도록 하되, 4:1이 넘지 않도록 한다.

유연하고 거친 덕트보다 표면이 단단하고 매끄러운 덕트가 저항이 적다.

길이가 긴 덕트보다 짧은 덕트가 저항이 적다.

분기와 엘보 부분보다 직관의 저항이 적다.

덕트 분기관은 직각(90°)보다 적어야 한다.

덕트 분기관은 45° 각도로 분기 접속이 되어야 한다.

덕트 분기관은 덕트가 점차 확대되는 위치에 접해야 한다.

엘보의 밴딩은 R값이 클수록 저항이 적다.

지름이 작은 덕트보다 지름이 큰 덕트가 저항이 적다.

덕트의 설계는 초기 비용과 운영 비용을 비교하여 가장 경제적인 방법을 고려해 선택하도록 한다. 한 달 정도 운영될 전시장의 덕트 설비와 10년 이상 사용되어야 하는 덕트 설비의 기준이 달라질 수밖에 없다.

8-2. 덕트설계의 접근방법 3요소
- 시방서, 카탈로그, 현장 경험

첫째. 시방서

덕트 시스템의 품질을 보장해 주는 유일한 것이 시방서이다. 덕트 시스템을 설계하는 자, 덕트 공사하는 자, 덕트 공사를 감리하는 자 모두는 시방서 범위 내에서 설계와 시공 그리고 감리가 이뤄지는 것이다. 덕트 시스템을 설계하는 자는 시공하는 자, 감리하는 자보다 시방서의 내용과 배경 지식이 충분해야만 하는 이유는 설계가 확정이 되면, 그 설계도에 따라 시공과 감리가 이뤄지기 때문이다.

둘째. 카탈로그

덕트 시스템은 각 제조사의 제품들로 조합이 이뤄진다. 시방서의 규격과 성능을 유지하기 위해서는 각 제조사의 성능시험 데이터가 수록된 카탈로그를 참고해야만 한다. 신뢰할 만한 인증된 시험법에 따른 성능 데이터 확보하는 것이 시방서만큼이나 중요한 것이다. 덕트설계의 상당한 부분이 제품 카탈로그의 성능 데이터를 살펴보고 장비와 기구를 선정하기 때문이다.

셋째. 현장 경험

반도체 제조 공정, 핸드폰 조립공정, PCB 제조 공정, 실크인쇄 공정, CNC 가공장, 그라비아 코팅 공정, 제약 및 의료기기 제조 공정, 건강식품 및 화장품 제조 공정, 인서트 사출 공정, 김치공장, 효소공장, 발효실, 건조실, 엔진 블록 가공장, 단란주점, 화로구이점, 물리치료실, 콤프실, 전기실, 세정실, 수영장, 실내 골프연습장…. 이상 현장들의 덕트설계가 주어졌을 때 현장 경험 없는 자가 설계한다는 것은 장롱면허 소지자에게 1톤 화물차에 짐을 가득 싣고 빙판길을 다녀오라는 것과 같이 무모한 일이다. 현장 경험은 물론이고 TAB-에어 바란싱- 정도는 해 봐야 풍속과 기류의 세기와 패턴을 이해할 수 있어, 좀 더 완성도 있는 덕트설계를 할 수 있을 것이다. 시방서의 배경지식을 충분히 숙지하고, 제조사 카탈로그의 성능 데이터 차트에서 적합한 모델을 선정하고, 충분한 현장 경험 조건 중에 부족한 면이 있다면 함부로 덕트설계를 해서는 안 될 것이다.

8-3. 덕트설계의 실시 설계 3요소
- 압력, 기류, 소음

첫째. 압력

덕트설계는 송풍기를 이용하여 덕트 시스템 전체에 요구되는 풍량을 적절한-가장 경제적인 방법-압력으로 유지하는 것이다.

열 회수 환기 유닛 10,000CMH를 실내로 공급되는 과정을 살펴보자.
- 각 실의 터미널 풍량 500CMH

외기 루버 경사진 블레이드 위를 돌아, 외기 필터의 촘촘한 구멍을 빠져나와 격리된 열교환 터널 관들을 지나, 팬 흡입구로 들어와 휘돌아 빠져나와 댐퍼 블레이드를 스쳐지나, 곧은 덕트 관 벽의 마찰이 익숙해질 때 엘보에 굽이치고 분기되어 나선의 후렉시블에 휘둘리며 터미널을 빠져나와 실내공기를 밀어내며 거주영역 내까지 도달하게 되는 상태를 유지하게 하는 것이 팬 브레이드의 회전력으로 발생하는 압력이 가능하게 되는 것이다.

덕트 시스템을 구성하는 요소들을 경유할 때 발생하는 마찰저항의 합이 덕트 시스템 유지를 위한 소요 압력이다. 시스템의 안정적인 운전을 위해서는 정확한 압력손실을 계산해야 한다.

상상해 보자.

1. 야구장 마운드에 투수가 있다.
2. 투수가 던지는 공(농구공, 축구공, 야구공, 탁구공)의 크기를 풍량.
3. 투수와 포수와의 거리(5m, 10m, 20m, 30m)를 덕트 길이.

강호의 고수로 투수 교체하여 장풍으로 농구공을 30m, 탁구공을 10m 보내려 할 때, 농구공과 탁구공에 가해지는 장풍의 압력 세기가 달라질 것이다. 덕트 시스템은 결코 풍속으로 유지되는 것이 아니고, 풍속으로 나타나는 근본적인 힘은 압력인 것을 잊지 말자. 덕트설계를 한다고 함은 결국 덕트 시스템 전 계통에 필요한 마찰손실값을 계산하는 과정이다.

둘째. 기류

다양한 실내공간의 크기와 형태, 용도에 따라 거주영역의 대상이 달라질 수 있고, 난방과 냉방의 확산 계수에 따른 수직, 수평기류의 보정이 필요하고, 천정과 벽체 취출에 따른 디퓨저의 종류만 최소 14가지를 적용하는 목적이 재실자들의 쾌적하고 안락한 생활에 만족도를 높이기 위한 것이다. HVAC(공기조화)를 구성하는 유틸리티와 덕트 시스템의 어셈블리들은 타킷룸까지 설치가 되지만, 실내 기류가 만족스럽지 못하게 된다면 완성도가 떨어지는 부실한 프로젝트가 되고 마는 것이다.

Primary Air : 1차 공기

Total Air : 총 공기

Throw [T0.75] [T0.50] [T0.25] : 도달거리 중심 풍속 [0.75㎳]…

Drop : 하락-밀도에 의한 부력효과-

Spread : 확산

Surface Effect : 표면효과

확산, 도달거리, 부력과 콜드 드래프트의 개념들을 숙지하고, 각 제조사의 성능시험 데이터를 비교 분석할 수 있어야 사용 목적에 맞는 최적의 실내기류환경을 조성할 수 있을 것이다.

셋째. 소음

제아무리 최첨단 고성능 장비와 최신의 자동제어 설비로 완성된 덕트 시스템이라도 운전 중 실내에서 사용 목적 이상의 소음이 발생하면 그 원인을 찾아 반드시 해결해야 한다. 필자의 경험으로 가장 중요하고 최우선으로 검토되어야 하는 것이 소음 문제라고 생각한다.

8-4. 덕트 설계법

덕트 설계법에는 equal velocity method(풍속 균등법), improved equal friction loss method(개선 마찰 균등법), static pressure regain method(정압 복원법) 등 여러 방법이 있다.

공기조화 덕트설계에 일반적으로 덕트 크기를 결정하는 데 사용되는 정압법으로 기술하도록 한다. 정압법을 정확히 이해하면 다른 설계법들도 쉽게 이해할 수 있기 때문이다. 정압법은 equal friction loss method(마찰 균등법)이라고도 한다. 정압법은 덕트 길이(m)당 마찰손실(㎜Aq or Pa)값을 일정한 값으로 선정하여 덕트의 크기를 결정하는 방법이다.

정압법은 단위길이당 일정한 압력손실을 유지하기 위해 풍량에 따라 덕트 치수의 크기를 조정하며, 시스템이 대칭 레이아웃을 갖지 않는 한, 분기 덕트의 압력 강하가 균등하지 않기 때문에 분기 덕트에는 반드시 댐퍼(VD)를 배치하여 덕트 길이가 다른 분기관의 압력 강하 균형 조정을 해야 한다.

정압법의 단점을 극복하려는 다른 설계법들이 적용되지만, TAB을 해 보면 분기관에 댐퍼(VD)를 설치하는 것만으로도 분기관의 압력 강하 차이가 그리 크지 않다는 것을 알 수 있을 것이다.

정압법은 덕트 시스템 전체 저항값을 산출하기가 매우 간단하여서 선호도가 가장 높은 방법이다. HVAC DUCT SYSTEM DESIGN은 정압법으로 설계한다. 본 교재도 정압법을 중심으로 설명한다.

8-5. 덕트 사이징(Sizing)

HVAC 덕트의 치수 결정은 단위길이-미터(m)-당 압력손실(mmAq or Pa) 선정값을 일정하게 취하는 정압법으로 한다.

정압법의 급기(SA) 덕트 마찰손실값은 0.1mmAq/m,

정압법의 리턴(RA) 덕트 마찰손실값은 0.08mmAq/m로 한다.

HVAC 설계는 경제적인 측면이 제1순위다.

급기(SA) 덕트를 0.1mmAq/m, 리턴(RA) 덕트를 0.08mmAq/m의 마찰손실값으로 선정하는 것이 가장 경제적이기 때문에 선정 기준이 된다. 덕트설계는 덕트 시스템 전체에 요구되는 마찰저항값을 구하는 것이라 할 수 있다.

HVAC DUCT	급기-Supply Air	리턴-Return Air
직관 마찰손실 선정	0.1mmAq/m	0.08mmAq/m
	0.1밀리아쿼 퍼 미터	0.08밀리아쿼 퍼 미터

[표 14] HVAC 덕트 사이징 마찰손실 선정 기준

덕트의 압력손실 계산식은 직관, 곡관, 분기관 등에 따라 복잡한 수식과 실험값으로 구해지는데 이러한 수식의 계산을 간단하게 도표로 구할 수 있다. 또한 스마트폰의 보급으로 다양한 덕트 사이징(Duct Sizing) 애플리케이션(Application)도 손쉽게 내려받아 사용할 수 있게 되었다. 실무에서 사용하지도 않는 계산식의 설명은 생략하고, 마찰손실 도표 활용법과 마찰손실 도표를 활용한 계산표 덕트 칼쿠레토로 구하는 방법, 그리고 애플리케이션으로 덕트 치수를 구하는 순서로 설명하도록 한다.

1) 덕트 마찰손실 도표

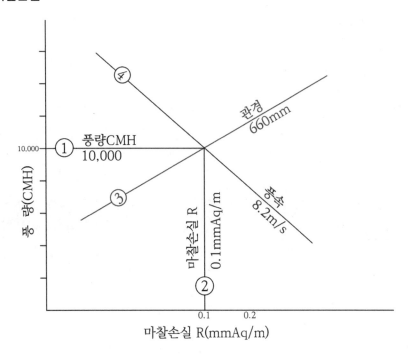

[그림 9] 마찰손실 도표 10,000CMH · 관경 · 풍속

[그림 9] 풍량 10,000CMH의 덕트 치수를 구해 보자.

덕트 치수 결정 순서는 다음과 같다.

1) 좌변의 풍량(㎥/hr)

⇒ 10,000CMH 지점에서 수평선을 마찰손실값 수직선과 교차한다.

2) 아랫변의 마찰손실 R(mmAq)

⇒ 정압법의 급기 덕트의 마찰손실값 0.1mmAq 지점에서 수직선을 세워 풍량 10,000CMH 수평선
   과 교차점을 구한다.

3) 덕트의 관경(mm)

⇒ 풍량 10,000CMH와 마찰손실값 0.1mmAq/m의 교점을 지나는 사선(2시 → 8시)의 수치 660mm
   가 덕트의 관경이 된다.

4) 덕트의 풍속(㎧)

⇒ 풍량 10,000CMH와 마찰손실값 0.1mmAq/m의 교점을 지나는 사선(11시 → 5시)의 수치 8.2㎧
가 풍속이다.

[그림 9]에서 덕트의 치수는 원형 치수만 알 수 있어서 사각 덕트로 환산하기 위해서는 수식으로
계산해야 하지만, 원형 덕트에서 사각 덕트로의 환산표를 참고하여 필요한 덕트 치수를 선정하면
된다.

a(㎜) \ b(㎜)	④ 350	③ 400	② 450	① 500
① 750	550(덕트∅)	592	630	① 666
② 850	582	626	② 668	706
③ 950	611	③ 659	703	744
④ 1150	④ 665	717	766	812(덕트∅)

[표 15] 원형 덕트 660∅ → 사각 덕트 환산표

[표 15]에서 660㎜에 가까운 원형 덕트 치수를 선택한다.

① 666∅ → 750×500

② 668∅ → 850×450

③ 659∅ → 950×400

④ 665∅ → 1150×350 여러 조합 중 하나를 선택한다.

가장 경제적인 덕트 치수는 아연도강판 **0.6t** 가능한 **750×500**이다.

덕트 마찰손실도표를 사용하여 원형 덕트 치수를 구하거나, 원형 덕트를 사각 덕트로 환산하는
환산표를 보고 결정하는 방법은 실무에서 거의 사용하지 않기 때문에 이에 대한 설명은 실무교육
강의로 미룬다.

넉트 치수의 선정은 풍량과 마찰손실값이 주요 변수가 되는 것이다.

10,000CMH, 8,000CMH, 5,000CMH 각기 다른 풍량에 일일이 마찰손실값 0.1mmAq/m로 덕트 치수를 구해야 한다.

이러한 방법으로 덕트 치수를 구해 나가면 풍량이 줄어지듯 풍속도 낮아지지만, 덕트 내부의 마찰손실값은 항상 일정하게 된다.

○ HVAC 급기 덕트 직관의 마찰손실?

덕트 길이가 100m일 때 100m×0.1mmAq/m=10mmAq가 된다.

이렇듯 정압법의 장점은 덕트 시스템의 저항값을 손쉽게 구하는 데 있다.

리턴 덕트의 마찰손실값 0.08mmAq/m로 하게 되면 같은 풍량의 급기 덕트보다 치수가 크게 된다. 풍속은 반대로 느려지게 된다. 급기 덕트와 리턴 덕트의 마찰손실값의 차이를 두는 이유는 실무교육 강의 때 보다 상세히 설명하도록 하겠다. 공장동의 경우에는 0.15mmAq/m 정도를 권장하는데, 실무 경험이 쌓이다 보면 이런 수치가 현실성이 없다는 것을 알 수 있을 것이다. 현장 조건에 따라서 마찰손실값도 유동적으로 결정해야 한다.

2) 덕트 칼쿠레토

덕트 칼쿠레토는 군인의 생명과도 같은 개인화기와 같다는 것이 필자의 생각이다. 덕트 마찰손실 도표에서는 필요한 정보를 찾는 데 시간이 걸리고, 별도로 환산표를 보아야 하는 복잡한 과정을 거쳐야 하는 불편함이 따른다.

현장실무에서 기존 덕트 풍량이 적정한지 알려면, 덕트 치수와 풍속 또는 덕트 치수와 마찰손실값을 알아야 기존 덕트의 풍량이 많고 적은지를 판단할 수 있는데, 덕트 마찰손실 도표로는 쉽게 알 수가 없다. 애플리케이션 또한 이 문제를 해결하지 못한다.

덕트 칼쿠레토는 사각 덕트의 치수를 알면, 원형 덕트 치수와 풍속 그리고 마찰손실값을 한꺼번에 알 수 있다.

덕트 칼쿠레토는 원형 덕트의 치수를 알면, 사각 덕트 치수와 풍속 그리고 마찰손실값을 한꺼번에 알 수 있다.

덕트 칼쿠레토는 풍속을 알면, 원형과 사각 덕트 치수와 마찰손실값을 알 수 있다.

덕트 칼쿠레토는 마찰손실값을 주면 풍량에 따른 원형, 사각 덕트 치수와 풍속을 알 수 있다.

덕트 칼쿠레토는 마찰손실값, 원형 덕트 치수, 각형 덕트 치수, 풍속, 풍량 등의 순서와 관계없이 관련 정보를 손쉽고 빠르게 구할 수 있다.

덕트 설계를 하고자 하는 현장 실무자라면 덕트 칼쿠레토 없이는 신속한 대응이 불가하여서 덕트설계 실무교육을 준비하면서 교육자료보다도 덕트 칼쿠레토가 가장 시급한 문제로 인식하고, 수강생 모두에게 덕트 칼쿠레토를 지급하는 방법을 생각하게 된 것도 필자의 현장 경험에서 덕트 칼쿠레토의 유용성 때문이라 하겠다.

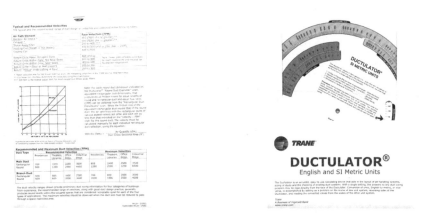

[그림 10] 수강생 지급용 덕트 설계 TOOL

[그림 11] *TRANE DUCTULATOR IMAGE*

[그림 11] 덕트 칼쿠레토-*TRANE DUCTULATOR IMAGE*- 사용법을 살펴본다.

12시 방향의 하늘색 구간은 풍량과 마찰손실값을 나타내고 있다.

① AIR VOLUME-L/s

풍량과 단위시간이 초(sec)당 리터(liter)이므로 CMH 단위로 환산하려면,

3.6으로 나눠(÷) 주거나 곱(×)해 주어야 한다.

$$\frac{3,600CMH}{3.6} = 1,000L/s$$

풍량 3,600CMH를 3.6으로 나눠(÷) 주면 =1,000L/s가 되는 것이다.

② FRICTION PER METER OF DUCT-Pa

미터(m)당 마찰손실값이 파스칼(Pa)이다.

급기 덕트의 마찰손실값 0.1mmAq/m=1Pa/m이다.

2시 방향의 검은색 구간은 원형 덕트 치수를 나타낸다.

③ ROUND DUCT DIAMETER-㎜

검은색 화살표가 지시하는 치수를 읽으면 된다.

6시 방향의 녹색 구간은 등가(等價) 사각 덕트 치수를 조합할 수 있다.

④ RECTANGGULAR DUCT DIMENSIONS-㎜

상부 녹색 구간(70~2500) 직사각형 덕트의 긴 변 치수 선택 구간이다.

하부 녹색 구간(75~2000) 직사각형 덕트의 짧은 변 치수 선택 구간이다.

예) 450㎜ 원형 덕트와 동일한 마찰손실값의 사각 덕트 치수는 다음과 같다.

원형 덕트	450mm				
각형 덕트	2,300 × 110	1,300 × 160	950 × 200	550 × 300	250 × 700

[표 16] 원형 덕트 450㎜ 동일 마찰손실 각형 덕트

[표 16]처럼 덕트 칼쿠레토에서 원형 덕트와 동일한 마찰손실값을 갖는 사각 덕트를 쉽게 구할 수 있다.

9시 방향의 적색 구간은 풍량과 풍속을 나타내고 있다.

⑤ VELOCITY-㎧

풍량에 따른 풍속을 알 수 있다.

예) 원형 덕트 450㎜일 때, 1.5㎧~60㎧의 풍량을 알 수 있다.

원형 덕트 450㎜	풍속(m/s)	풍량(L/s)	풍량(CMH)
	4	660	2,376
	10	1,620	5,832

[표 17] 원형 덕트 450㎜ 풍속별 풍량

[표 17]처럼 덕트 칼쿠레토에서 원형 덕트 450㎜의 풍속별 풍량을 쉽게 구할 수 있다.

덕트 칼쿠레토의 풍량·마찰손실·풍속·덕트 치수를 한꺼번에 읽을 수 있는 위치별 기능을 살펴보았다.

> 급기(SA) 풍량 3,600CMH를 덕트 칼쿠레토를 활용하여 정압법으로 원형 덕트와 사각 덕트 치수와 풍속을 구한다.
> ⇒ 풍량 3.600CMH → 1,000L/s -단위 환산을 위해 3.6으로 나눈다.-
> ⇒ 마찰손실값 0.1mmAq/m → 1.0Pa/m (1mmAq=9.80665Pa)

(1) AIR VOLUME-L/s 1,000과 아래 Pa 1.0을 맞추기

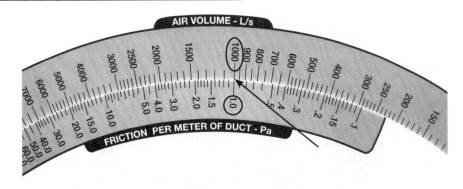

[그림 12] Air-vol(L/s) & Friction(Pa)

[그림 12] 풍량 3,600CMH와 마찰손실값 0.1mmAq/m의 단위 환산은 다음과 같다.

$$L/s = \frac{CMH}{3.6}$$

"0.1mmAq=0.980665Pa=1.0Pa"이 된다.

단위 환산이 불편해 보이겠지만 '**CMH×mmAq**' 단위로 표기된 덕트 칼쿠레토는 '**L/s×Pa**' 단위로 표기된 덕트 칼쿠레토보다 단위가 커서 적은 수치 표시가 '**L/s×Pa**'보다 떨어지고, 덕트 칼쿠레토에 나타낼 수 있는 치수 구간도 많은 차이가 나고, 그만큼 오차도 커지기 때문에 가능하면 '**L/s×Pa**' 단위의 덕트 칼쿠레토를 사용할 것을 권한다.

(2) ROUND DUCT DIAMETER-mm

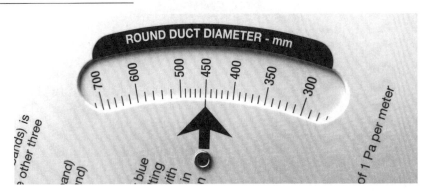

[그림 13] ROUND DUCT DIAMETER-mm

[그림 13]에서 1,000L/s×1.0Pa값을 고정한 상태에서 'ROUND DUCT DIAMERTER-㎜' 화살표 지시값 '450㎜'가 원형 덕트 치수.

(3) RECTANGGULAR DUCT DIMENSIONS-mm

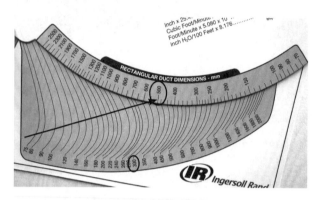

[그림 14] RECTANGGULAR DUCT DIMENSIONS-mm

[그림 14] 'ROUND DUCT DIAMERTER-㎜'의 '450㎜'의 등가(等價) 사각 덕트 변형 치수는 화살표 표시점 '480×350'을 덕트 표준 치수를 적용해서 '500×350'으로 결정한다.

600×300, 700×250같이 상부 치수 눈금과 하부 치수 눈금의 여러 교차점 중에서 필요한 치수를 선택할 수 있다.

(4) VELOCITY-㎧

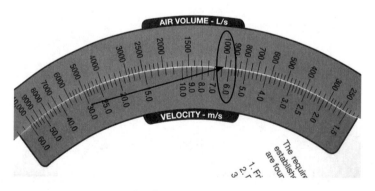

[그림 15] VELOCITY-㎧

[그림 15] 풍량 1,000L/s(3,600CMH)×DIA 450㎜, □500×350㎜ 통과 풍속이 "6.25㎧"로 화살표가 가리키는 지점이다.

DIA 450㎜ 조건에서 풍량 5,000L/s(18,000CMH)의 풍속이 30㎧임을 쉽게 알 수 있다.

[그림 12]와 같이 풍량과 마찰손실값의 교차점을 맞추면,

[그림 13]의 원형 덕트 치수를 알 수 있고,

[그림 14]의 등가(等價) 사각 덕트의 다양한 치수들을 선택할 수 있고,

[그림 15]에서 풍속을 동시에 알 수 있게 된다.

덕트 칼쿠레토의 다양한 활용법은 실무교육 강의 때 지급되는 덕트 칼쿠레토를 가지고 설명하도록 하겠다.

3) 덕트 애플리케이션

(1) 애플리케이션 스마트폰으로 내려받기

[그림 16] *TRANE Ductulator* 앱 이미지

[그림 16] 앱스토어에서 Ductulator 애플리케이션(유료)을 내려받는다.

(2) 초기 실행 화면

Air Flowrate 풍량
Friction Rate 마찰률-마찰손실-
Velocity 풍속

Round Duct 원형 덕트 치수
Diameter
Rectangular Ducts 각형 덕트

애플리케이션 초기 화면은 CFM, in /ft, FPM 단위로 실행된다.
우측 상단의 CFM을 터치하면 CMH규격으로 '앱' 화면이 바뀐다.
키패드에서 풍량과 마찰손실값을 입력한다.

[그림 17] *Ductulator* 앱 실행 초기 이미지

(3) CFM → CMH 전환하기

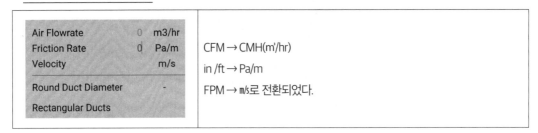

CFM → CMH(㎥/hr)
in /ft → Pa/m
FPM → ㎧로 전환되었다.

[그림 18] *Ductulator* 앱 CFM → CMH 전환 이미지

(4) 풍량(CMH) 입력

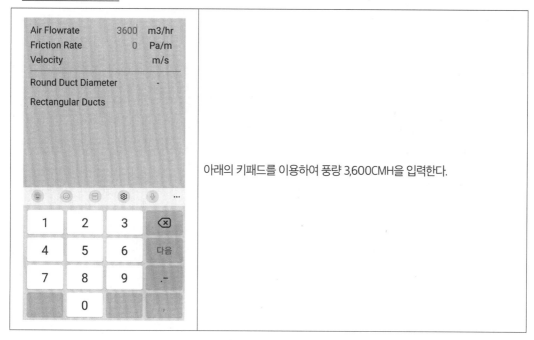

아래의 키패드를 이용하여 풍량 3,600CMH을 입력한다.

[그림 19] *Ductulator* 앱 풍량 입력 화면

(5) 마찰손실값 입력하기

[그림 20] *Ductulator* 앱 마찰손실값 입력 & 원형·사각 덕트 치수 출력 화면

[그림 20]의 Friction Rate(마찰손실)가 다른 것은 정압법으로 급기 덕트의 마찰손실값 0.1mmAq/m=0.980Pa/m이지만, 1.0Pa/m을 비교한 것이다.

덕트 칼쿠레토 어플의 계산된 덕트 치수는 크게 차이가 없다. 다만 덕트 풍속이 소수점 이하는 표기되지 않고, 정수로만 표기 때문에 정확한 풍속 계산에 아쉬움이 있다. 덕트 풍속보단 덕트 치수 계산에 특화된 애플리케이션이라고 본다. 덕트 풍속을 정확히 계산되는 애플리케이션이 있으니, 추가로 내려받아 상호 보완하여 사용하는 것이 좋다.

덕트 사이징을 위한 덕트 마찰손실도표, 덕트 칼쿠레토, 애플리케이션 활용 방법들을 살펴보았다.

소위 덕트 시스템 전문가라 자칭하려면, 풍량에 따른 마찰손실, 덕트 치수, 풍속은 현장에서 자유롭게 즉각 대응되어야 한다. 풍량과 덕트 물량이 나와 있으면, 팬 기종과 실제 동력을 2~3분 이내에 계산해 내야 한다. 어떤 상황의 현장에서도 위와 같은 데이터를 유추해 내려면 덕트 칼쿠레토 없이는 불가하다. 현업의 덕트공 모두가 위와 같은 실력 있는 전문가로서 사회적 역할을 제대로 할 수 있는 날이 하청을 벗어나는 힘의 원동력이 될 것이고 전문 직종으로 우뚝 설 수 있는 날이 될 것이다.

8-6. HVAC 덕트 시스템 저항

덕트 설계의 핵심은 덕트 시스템 전체에 소요되는 풍량과 압력손실을 구하여 최적의 송풍기를 선정하는 것이라 하겠다.

HVAC DUCT SYSTEM DESIGN 정압법의 시스템 저항 계산은 시스템의 시작점에서 가장 먼 거리 끝점의 단일 경로에 배치된 덕트 시스템 어셈블리 저항의 합을 구하는 것이다.

HVAC 덕트 시스템 덕트의 압력손실을 구하는 것은 결국 팬 모터 동력을 구하는 것이기 때문에 자동차 연비 계산으로 비교하면 쉽게 이해할 수 있다.

[그림 21]을 참고하여 연비를 구해 보자

① 5톤 화물차가 5톤의 짐을 서울역에서 출발하여 부산역까지 배송한다. 수원역, 천안역, 대전역, 대구역, 부산역으로 각 1톤씩 배송한다.

② 경부고속도로를 이용하고 마지막 배송지 부산역은 5톤 화물차가 직접 배송한다. 수원역, 천안역, 대전역, 대구역 배송은 각 지역의 고속도로 분기점에서 1톤 화물 차량이 각 지역으로 배송한다.

③ 화물 5톤 차량의 5톤 적재 연비는 5km/리터이고, 1톤 화물 적재 차량의 연비는 10km/리터이다.

④ 서울역에서 부산역까지 거리는 400km, 4개 지역의 거리는 고속도로 각 분기점에서 20km일 때, 화물 운송에 대한 연비를 구한다.

⑤ 5톤 화물차는 400km/5km · 리터로 계산된 80리터를 주유했다면, 부산에 도착했을 때 얼마의 기름이 남아 있겠는가?

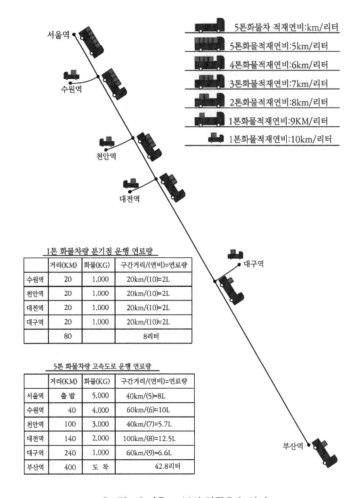

5톤화물차 적재연비:km/리터
5톤화물적재연비:5km/리터
4톤화물적재연비:6km/리터
3톤화물적재연비:7km/리터
2톤화물적재연비:8km/리터
1톤화물적재연비:9KM/리터
1톤화물적재연비:10km/리터

서울역 / 수원역 / 천안역 / 대전역 / 대구역 / 부산역

1톤 화물차량 분기점 운행 연료량

	거리(KM)	화물(KG)	구간거리/(연비)=연료량
수원역	20	1,000	20km/(10)=2L
천안역	20	1,000	20km/(10)=2L
대전역	20	1,000	20km/(10)=2L
대구역	20	1,000	20km/(10)=2L
	80		8리터

5톤 화물차량 고속도로 운행 연료량

	거리(KM)	화물(KG)	구간거리/(연비)=연료량
서울역	출발	5,000	40km/(5)=8L
수원역	40	4,000	60km/(6)=10L
천안역	100	3,000	40km/(7)=5.7L
대전역	140	2,000	100km/(8)=12.5L
대구역	240	1,000	60km/(9)=6.6L
부산역	400	도 착	42.8리터

[그림 21] 서울 → 부산 화물운송 연비

[그림 21] 서울역에서 5톤 화물차가 5톤의 화물을 싣고 출발하여 부산역까지 운송한다. 수원역, 천안역, 대전역, 대구역으로 각각 1톤의 화물을 고속도로 분기점에서 1톤 화물 차량으로 운송하고 마지막 구간 대구에서 부산까지는 5톤 화물차가 1톤의 화물을 운송한다.

서울역에서 부산역까지 거리는 400㎞, 5톤 화물 차량의 연비는 9.35㎞/ℓ, 연료 소모량은 42.8ℓ가 된다. 고속도로 각 분기점에서 수원역, 천안역, 대전역, 대구역 거리는 80㎞ 1톤 화물 차량의 연비는 10㎞/ℓ, 연료 소모량은 8ℓ가 된다.

서울역에서 5톤의 화물을 수원역, 천안역, 대전역, 대구역, 부산역으로 각각 1톤씩 운송했을 때 연료 총 소요량은 50.8ℓ(42.8ℓ+8ℓ)가 된다. 그런데 서울역에서 출발할 때 5톤 화물 차량은 5톤 적재할 때 연비인 5㎞/ℓ를 기준으로 부산까지 400㎞/5㎞·ℓ=80ℓ를 공급받았다. 그러면 5톤 화물 차량의 연료통에는 80ℓ-50.8ℓ=29.2ℓ가 남아 있게 된다.

화물 1톤=1,000CMH 화물 5톤=5,000CMH 풍량, 연비(5㎞/ℓ)를 마찰손실(㎜Aq/m), 연료량(ℓ)을 실제 사용 동력(모터·㎾)이라 할 때, 정압법의 **압력손실** 계산은 **서울에서 부산까지 거리(덕트 길이)×연비(㎜Aq/m)×출발 때 화물(총 풍량CMM)**로 구한 값으로 팬을 선정하고 모터 동력을 산출한다. 부산역에 도착한 5톤 화물차의 연료통에 29.2ℓ가 남아 있다는 것은, 풍량 대비 마찰손실값이 줄어들었다는 것, 팬 성능곡선을 보면 정압이 감소했을 때, 풍량은 증가하는데 그 값의 차이는 팬 RPM 곡선을 따라가면 풍량의 변화를 알 수 있다. 어쨌든 정압법의 저항 산출은 **서울역(5톤 화물)×부산역(거리 400㎞)×연비(5㎞/ℓ)**로 계산하듯 수원, 천안, 대전, 대구에서 1톤씩 화물이 줄어드는 것은 상관없이 5톤 화물을 서울에서 부산까지 운반한 것으로 마찰손실값을 계산한다.

남은 29.2ℓ가 시스템에 미치는 영향은 실무교육 때 설명하기로 한다.

압력(壓力 PRESSURE)의 이해

압력단위 면적당 가해지는 힘
압력(P)단위 면적당 수직으로 작용하는 힘의 압력(壓力, pressure)

$$압력(P) = \frac{면적에\ 수직으로\ 작용하는\ 힘(F)}{힘이\ 분포된\ 면적(A)}$$

$$1Pa(pascal) = \frac{1kg \cdot m/sec^2}{m^2} = 1kg \cdot m/sec^2$$

압력의 단위는 [N/㎡], 1[N/㎡]=1파스칼(Pa)
1N(Newton) 질량 1㎏의 물체에 1m·sec²의 가속도를 갖게 하는 힘
1N=1㎏×1m/sec²=1㎏·m/sec²

---

1) HVAC 덕트 직관의 저항

HVAC DUCT SYSTEM DESIGN 정압법 직관 덕트의 저항은 덕트 길이(m)에 대한 마찰손실값(mm Aq or Pa)을 급기(SA)는 0.1mmAq/m(1Pa/m), 리턴(RA)은 0.08mmAq/m(0.8Pa/m) 값으로 한다.

왜?

가장 경제적인 방법이기 때문에!

※ 덕트 직관의 마찰손실($P_L \cdot$ mmAq)

⇒ 덕트 직관의 압손(ΔP_L)=(0.1mmAq/m)×덕트 직관의 길이(m)

SUPPLY AIR가 덕트 직관 1m 통과하는 데 필요한 마찰손실값 0.1mmAq/m(1Pa/m)가 어느 정도 되는 압력의 크기인지 쉽게 이해하기 어려울 것이다.

○ 1mmAq=1㎡ 면적 위에 1kg 무게로 가해지는 힘

○ 0.1mmAq=1㎡ 면적 위에 100g 무게로 가해지는 힘

0.1mmAq는 박카스 병(100g)의 물로 덕트 300×200×1,000 표면을 전부 칠할 때 덕트 표면에 얼어 진 물의 무게와 같은 힘이다. 너무 적은 무게(압력)라서 감이 잘 오지 않을 것이다.

덕트 설계는 풍속이 아니라 압력으로 하는 것이기 때문에 실질적인 압력에 대한 이해가 필요하다. 눈에 보이지 않는 공기 압력의 크기에 대한 감각을 느끼려면 실제 압력을 경험해 보아야만 한다.

실무교육 시간에 'Inclined liquid column portable manometer' 측정을 통해 정압법의 설계압력 이 어느 정도인지 경험해 보기로 한다.

2) HVAC 덕트 곡관의 저항

덕트 내부에 공기가 흐를 때 직관에서는 덕트 내벽과 공기의 마찰이 발생하고, 엘보나 분기 부분 에서는 와류로 인한 저항이 발생한다. 이처럼 커브(curve)나 브랜치(branch) 부분에서 생기는 저 항을 국부저항(局部抵抗)이라고 한다.

덕트 저항 필수 기호			
d	직경(m)	γ	(감마) 공기의 비중(kg/m³)
l	덕트 길이(m)	λ	(람다) 마찰저항계수
l'	국부저항 상당길이(m)	ζ	(제타) 국부저항계수
R	곡률반경	Pv	동압(動壓)·속도압
P	압력(mmAq or kg/m')	Ps	정압(靜壓)
v	풍속(m/sec)	Pt	전압(全壓)
ΔPs	정압 차	ΔP	압력 차
ΔPv	동압 차	ΔPt	전압 차

[표 18] 덕트 저항 필수 기호

(1) 원형(=b) 곡관(曲管)의 압력손실

원형 곡관(曲管)의 압력손실을 구하는 것에는 두 가지 방법이 있다.

첫 번째, ΔP=ζ×Pv

곡관(曲管)의 반경 비(R/D)에 따른 압력손실계수(ζ)와 속도압(Pv)을 곱하여 압력손실(ΔP)을 구한다.

두 번째, **달시-바이스바하** 공식을 적용하여 곡관에 대한 상당길이(등가길이·equivalent length)를 구하여 원형 곡관의 압력손실을 구한다.

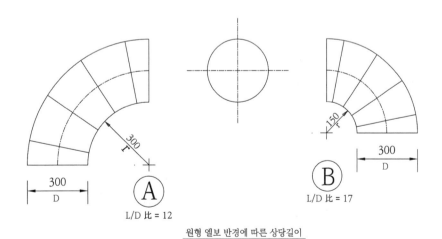

원형 엘보 반경에 따른 상당길이

[그림 22] 원형 덕트 엘보 반경에 따른 상당길이

배관의 90° Long(R/D=1.5), Short(R/D=1.0) 엘보는 중심반경을 기준 하여 D300㎜의 R/D=1.5는 450㎜가 아니고 457.2㎜가 된다.

스파이럴 덕트의 엘보는 판재의 두께가 1.0t 이하가 대부분으로 배관 엘보와 달리 안 각(r)의 치수로 통용된다.

[그림 22] "A" Long 엘보의 L/D 비(比)·상당길이는 '**12**'가 된다.

따라서 "A"의 마찰손실은 300㎜×12=3,600㎜=3.6m

급기(SA) 마찰손실 0.1㎜Aq/m×3.6m=0.36㎜Aq/ea가 된다.

리턴(RA) 마찰손실 0.08㎜Aq/m×3.6m=0.288㎜Aq/ea가 된다.

[그림 22] "B" Short 엘보의 L/D 비(比)·상당길이는 '**17**'이 된다.

따라서 "B"의 마찰손실은 300㎜×17=5,100㎜=5.1m

급기(SA) 마찰손실 0.1㎜Aq/m×5.1m=0.51㎜Aq/ea가 된다.

리턴(RA) 마찰손실 0.08㎜Aq/m×5.1m=0.408㎜Aq/ea가 된다.

스파이럴 덕트 엘보는 별도의 주문을 하지 않는 한 "B" Short(R/D=1.0) 엘보로 제작된다는 점 유의한다.

5pcs 원형밴드의 상당길이 L'/D					풍속 (m/s)	L'/D			mmAq
D(㎜)	R(㎜)	r(㎜)	R/D·1.0	L'/D		L'·㎜	L'·m	㎜Aq/m	마찰손실
150	150	75			3.0	2,550	2.55		0.26
200	200	150			3.6	3,400	3.40		0.34
250	250	125			4.3	4,250	4.25		0.43
300	300	150	1.0	17	4.8	5,100	5.10	0.1	0.51
350	350	175			5.25	5,950	5.95		0.60
400	400	200			5.75	6,800	6.80		0.68
450	450	225			6.2	7,650	7.65		0.77
500	500	250			6.6	8,500	8.50		0.85

[표 19] 원형 덕트 엘보(5pcs) R/D=1.0 상당길이·마찰손실(㎜Aq·ea)

[표 19]는 원형 덕트 5편 엘보의 상당길이 반경 R/D=1.0·r/D=0.5의 150∅~500∅의 급기(0.1㎜ Aq/m) 원형 덕트의 마찰손실이다.

5pcs 원형밴드의 상당길이 L'/D					풍속 (m/s)	L'/D			mmAq
D(mm)	R(mm)	r(mm)	R/D · 1.5	L'/D		L'· mm	L'· m	mmAq/m	마찰손실
150	225	150			3.0	1,800	1.8		0.18
200	300	200			3.6	2,400	2.4		0.24
250	375	250			4.3	3,000	3.0		0.30
300	450	300			4.8	3,600	3.6		0.36
350	525	350	1.5	12	5.25	4,200	4.2	0.1	0.42
400	600	400			5.75	4,800	4.8		0.48
450	675	450			6.2	5,400	5.4		0.54
500	750	500			6.6	6,000	6.0		0.60

[표 20] 원형 덕트 엘보(5pcs) R/D=1.5 상당길이 · 마찰손실(mmAq · ea)

[표 20]은 원형 덕트 5편 엘보의 상당길이 반경 R/D=1.5 · r/D=1.0의 150∅~500∅의 급기(0.1mm Aq/m) 원형 덕트의 마찰손실이다.

5pcs 원형밴드의 압손계수(ζ)					풍속 (m/s)	동압 (Pv)	mmAq
D(mm)	R(mm)	r(mm)	R/D · 1.0	ζ			마찰손실
150	150	75			3.0	0.55	0.18
200	200	150			3.6	0.79	0.26
250	250	125			4.3	1.13	0.37
300	300	150			4.8	1.41	0.47
350	350	175	1.0	0.33	5.25	1.69	0.56
400	400	200			5.75	2.03	0.67
450	450	225			6.2	2.36	0.78
500	500	250			6.6	2.67	0.88

[표 21] 원형 덕트 엘보(5pcs) R/D=1.0 압손계수 · 마찰손실(mmAq · ea)

[표 21]은 원형 덕트 5편 엘보의 압손계수 반경 R/D=1.0 · r/D=0.5의 150∅~500∅의 급기(0.1mm Aq/m) 원형 덕트의 마찰손실이다.

5pcs 원형밴드의 압손계수(ζ)					풍속 (m/s)	동압 (Pv)	mmAq
D(mm)	R(mm)	r(mm)	R/D · 1.5	ζ			마찰손실
150	225	150			3.0	0.55	0.13
200	300	200			3.6	0.79	0.19
250	375	250			4.3	1.13	0.27
300	450	300			4.8	1.41	0.34
350	525	350	1.5	0.24	5.25	1.69	0.41
400	600	400			5.75	2.03	0.49
450	675	450			6.2	2.36	0.57
500	750	500			6.6	2.67	0.64

[표 22] 원형 덕트 엘보(5pcs) R/D=1.5 압손계수·마찰손실(mmAq·ea)

[표 22]는 원형 덕트 5편 엘보의 압손계수 반경 R/D=1.5 · r/D=1.0의 150∅~500∅의 급기(0.1mm Aq/m) 원형 덕트의 마찰손실이다.

[그림 22]는 원형 덕트 90° 엘보 300mm의 마찰손실을 상당길이(L'/D)로 구하는 해석을 나타내는 이미지이다.

[표 19], [표 20]은 5쪽 원형 90° 엘보 150~500mm · R/D(1.0 & 1.5) 상당길이(L'/D)의 마찰손실이다.

[표 21], [표 22]은 5쪽 원형 90° 엘보 150~500mm · R/D(1.0 & 1.5) 압손계수(ζ)의 마찰손실이다.

이상의 그림과 표는 급기(SA) 덕트의 마찰손실(0.1mmAq)값으로 정하고, 상당길이(L'/D)와 압손 계수(ζ)와의 차이를 비교하기 쉽게 250mm와 300mm를 배경색으로 구분하였다. -4pcs 엘보는 실무교 육 시간 때 보기로 한다. -

덕트의 국부저항계수는 실험을 통하여 구하여지는데 *Carrier의 공기조화설비 설계핸드북*에서는 약 30여 종류의 국부 마찰손실계수와 장방형 엘보의 경우 R/D=1.25의 기준으로 100여 개의 덕트(a ×b) 치수의 테이블과 마찰손실 도표를 제공하고 있다. 절판된 **덕트계산편람(計算便覽)**에서는 약 40여 종류의 국부 마찰손실계수와 15개 마찰손실 도표를 제공하고 있다. *SMACNA HVAC DUCT*

SYSTEM DESIGN의 LOSS COEFFICIENT TABLES와 차이가 많은 국부 마찰손실계수 자료가 있어, 한 가지 책과 문헌에 의존해서는 안 된다는 생각이다.

이제는 국내 제조사들도 자신들의 제품에 대한 마찰손실값을 제공할 때가 되었다고 본다. 언제까지 수십 년 된 외국 자료에 각기 다른 저항값-특히 각형 덕트-으로, 서로 검증도 하기 어려운 상황을 우리의 자료로 정립해 줄 용기 있는 덕트제조사의 출현을 기대해 본다.

(2) 각형(角形) 덕트 곡관(曲管)의 압력손실-상당길이-

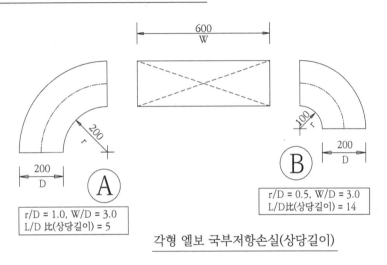

각형 엘보 국부저항손실(상당길이)

[그림 23] 각형 덕트 엘보 반경 및 장단면 비의 상당길이

각형 덕트 엘보의 마찰손실은 원형 엘보의 R/D 비(比) 외에 직사각형의 긴 변과 짧은 변(W/D)의 비(比)를 더하여 상당길이 값을 구한다.

[그림 23] "A" Long 엘보의 R/D=1.0, W/D=3.0 조건의 상당길이는 L/D=5가 된다. D(200mm)×5=1,000mm=1.0m

급기(SA) 엘보의 마찰손실 0.1mmAq/m×1.0m=0.1mmAq/ea가 된다.

리턴(RA) 엘보의 마찰손실 0.08mmAq/m×1.0m=0.08mmAq/ea가 된다.

[그림 23] "B" Short 엘보의 R/D=0.5, W/D=3.0 조건의 상당길이는 L/D=14가 된다. D(200mm)×14=2,800mm=2.8m

급기(SA) 엘보의 마찰손실 0.1mmAq/m×2.8m=0.28mmAq/ea가 된다.

리턴(RA) 엘보의 마찰손실 0.08mmAq/m×2.8m=0.224mmAq/ea가 된다.

각형 덕트 엘보의 마찰손실은 상당길이보다는 압력손실계수로 구하는 것이 편리할 수 있다. 실무교육 때 자세히 설명하기로 한다.

(3) 사각형(四角形) 곡관(曲管)의 압력손실-압손계수-

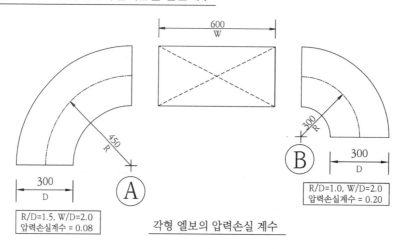

각형 엘보의 압력손실 계수

[그림 24] 각형 덕트 엘보 반경 및 장단면 비의 압력손실 계수

각형 덕트 엘보의 압력손실은 R/D 반경(半徑) 비(比)와 W/D 장단면(長短面) 비(比)에 따른 압력손실계수(ζ)를 구한 값에 속도압(Pv)을 곱하여 압력손실값을 구한다.

[그림 24] □600×300 급기(SA) 풍속 6.2㎧, 리턴(RA) 풍속 5.6㎧.

풍속 6.2㎧의 동압(動壓)은 2.35(mmAq), 5.6㎧ 동압은 1.92(mmAq)

"A" Long 엘보 압손계수(0.08)×급기 동압(2.35)=0.188mmAq/ea

"B" Short 엘보 압손계수(0.20)×급기 동압(2.35)=0.47mmAq/ea

"A" Long 엘보 압손계수(0.08)×리턴 동압(1.92)=0.15mmAq/ea

"B" Short 엘보 압손계수(0.20)×리턴 동압(1.92)=0.38mmAq/ea

동압(動壓) $Pv = (\dfrac{V}{4.04})^2$ v=풍속(㎧) 풍속(V)= $0.043\sqrt{VP}$

풍속과 동압 관계식, 표를 참조한다.

풍속으로 동압은 직접 구할 수 있도록 한다.

3) 분기 접속의 압력손실

[그림 21] 서울 → 부산 화물운송 연비에서 서울역에서 화물 5톤을 싣고 출발했지만, 수원, 천안, 대전, 대구역 각 1톤의 화물을 떨구고 부산역에는 1톤의 화물만 싣고 도착한다. 하지만 서울역에서 출발할 때 5톤의 화물을 부산역까지 운반하는 조건의 연비를 계산해서 400km/5km·ℓ=80ℓ를 공급받았다. 그러나 실제 연비는 29.2ℓ가 남았다. 현실에서는 남은 29.2ℓ는 화물운송 기사의 밥값이 되겠지만, 팬에서는 전압이 남는 거다. 설계전압보다 실제 전압이 낮으면 팬의 RPM 곡선을 따라 소요 전압 대비 풍량이 증가한다. 이러한 문제점 때문에 분기 접속부의 압력손실은 별도 계산하지 않아도 된다. 이 부분은 실무교육 시간에 상세히 설명하도록 한다.

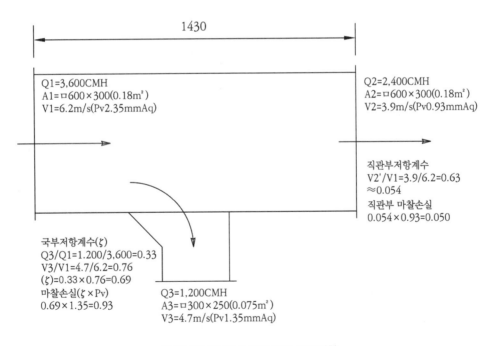

[그림 25] 급기(SA) 분기 덕트-국부저항

[그림 25] 급기(SA) 덕트 분기관의 국부저항(㎜Aq)

[(직관부 저항계수(ζ)×동압(Pv)]+[(분기부 저항계수(ζ)×동압(Pv)]

[직관부(0.05㎜Aq)]+[분기부(0.93㎜Aq)]=0.98㎜Aq

8-7. 정압법 덕트설계

- 실기

[그림 26] 급기(SA) 덕트(원형) 전 계통의 저항을 순서에 따라 정압법으로 구한다.

도면의 정보를 살펴본다.
⇒ 메인 풍량 3,600CMH
⇒ 분기 덕트 1개소 풍량 1,800CMH
⇒ 메인 덕트 엘보 1개소
⇒ 후렉시블 덕트 호스 6개소
⇒ 터미널 디퓨저 600CMH 6개소

정압법의 급기(SA) 덕트의 마찰손실은 0.1mmAq/m 기준으로 한다.

A → B 구간 풍량 3,600CMH와 마찰손실 0.1mmAq/m 교점으로 덕트 사이즈와 풍속을 구한다.

B → D 구간 풍량 1,800CMH와 마찰손실 0.1mmAq/m 교점으로 덕트 사이즈와 풍속을 구한다.

D → E 구간 풍량 1,200CMH와 마찰손실 0.1mmAq/m 교점으로 덕트 사이즈와 풍속을 구한다.

E → F 구간 풍량 600CMH와 마찰손실 0.1mmAq/m 교점으로 덕트 사이즈와 풍속을 구한다.

디퓨저 선정은 레스토랑(50dB±3 Neck Velocity(5~6%) ND200 원형 디퓨저(2.0mmAq)를 선정한다.

마찰손실도표(인터넷 내려받아서)를 사용하거나, 애플리케이션으로 구해서 오른쪽 빈칸에 풍속과 원형 덕트 사이즈와 사각 덕트 사이즈를 적어 본다.

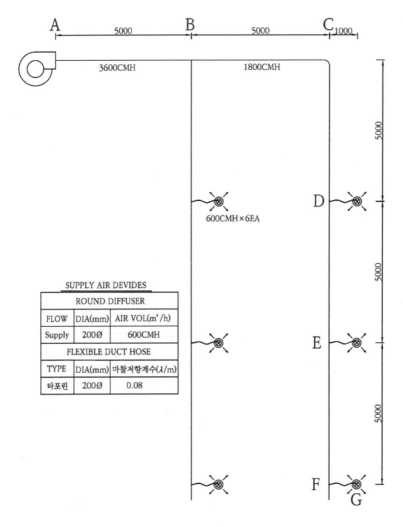

[그림 26] 3,600CMH 급기 덕트

[그림 26] 급기 덕트 3,600CMH 마찰손실을 구해 본다.

[그림 21] 서울역에서 부산역 구간만의 연비를 구하듯 'A'~'G' 구간의 마찰손실을 구하여 급기팬 동력까지 구해 본다.

1. 직관 덕트의 마찰손실

⇒ 'A'~'G'=5+5+5+5+5=25×0.1mmAq=**2.5mmAq**

2. 분기 덕트의 마찰손실

⇒ 'B'는 구하지 않는다. -실무교육 때 자세히 설명한다.-

3. 곡관 덕트의 마찰손실

⇒ 'C' 350∅ · R/D(1.0)=D17=0.35×17=5.95×0.1mmAq=**0.595mmAq**

4. 후렉시블 덕트 호스의 마찰손실

- 타포린1.5m/개소 · R/D(1.5) · (λ/m=0.08) · (5㎧) · (600CMH)

$$Pv = \frac{v^2}{2g} r = \frac{5^2}{2 \times 9.8} 1.2 = \frac{25}{19.6} 1.2 = 1.53$$

Pv(1.53)×λ(0.08)=**0.136mmAq/m**(후렉시블 1m의 마찰저항)

⇒ **0.136mmAq×1.5m=0.204mmAq**

R/D(1.5)=D×12=0.2×12=**2.4m**(후렉시블 R/D(1.5)의 상당길이)

⇒ 2.4m×0.136mmAq/m=**0.326mmAq/ea**

⇒ 0.204mmAq+0.326mmAq=**0.53mmAq**

5. 'E' 스핀 인의 마찰손실 (ND200)

Q3/Q1=600/1200=**0.5(차트χ)**

V3/V1=600CMH · 5㎧/1,200CMH · 300×250 · 4.44㎧=**1.14(차트 y)**

(0.5χ)=1.0:1.26 · 1.2:1.39=**1.35(ζ)**

⇒ 1.35(ζ)×1.53(Pv)=**2.06mmAq**

6. 디퓨저 마찰손실

600CMH · (ND200 · 5㎧) · 댐퍼(有)일 때 **2.0mmAq**-카탈로그-

7. [그림 26] 급기 3,600CMH 덕트 계통전압

구분	마찰손실(mmAq)	수량	전압(mmAq)
직관	0.1mmAq/m	25m	2.5
곡관	0.595mmAq/ea	1ea	0.595
후렉시블	0.65mmAq/개소	1개소	0.53
스핀인	2.06mmAq/ea	1ea	2.06
디퓨저	2.0mmAq/ea	1ea	2.0
합계			7.685

[표 23] [그림 27] 마찰손실(mmAq)

[그림 26] 급기 덕트 3,600CMH 송풍기 동력을 구해 본다.

송풍기 전압(Pt) 50mmAq 이하는 시로코 팬을 선정한다.

시로코 환풍기의 효율은 50% 적용하여 'η=0.5'

송풍기 동력(kW)$=(\dfrac{CMM \times mmAq}{6120 \times \eta} \times 1.2)$

$\Rightarrow \dfrac{60 \times 7.685}{6120 \times 0.5} \times 1.2$

$\Rightarrow \dfrac{461.1}{3,060} \times 1.2$

$\Rightarrow 0.15 \times 1.2 = $**0.18kW(0.24마력)**

0.18kW의 모터는 구할 수가 없으므로 모터는 0.5마력으로 결정한다.

　장비 일람표에 팬 동력을 이런 식으로 표시해 놓으면 곤란하기 짝이 없다. 이 부분에 대해서는 실무교육 때 추가 설명하도록 하겠다.

　[그림 27] 패키지 에어컨(Package Air Conditioner-SA) 각형 덕트의 전계통 저항을 순서에 따라 정압법으로 구한다.

도면의 정보를 살펴본다.

⇒ 펙케이지 에어컨 10RT 풍량 80CMM=4,800CMH

⇒ 분기 덕트 1개소 풍량 960CMH

⇒ 에어컨 기외정압 5mmAq

⇒ 정압법 마찰손실 0.08mmAq/m-마찰손실 펙케이지 에어컨 설계기준-

⇒ 메인 덕트 엘보 2개소

⇒ 후렉시블 덕트호스 10개소-길이 1.5m-

⇒ 터미널 디퓨저 480CMH 10개소

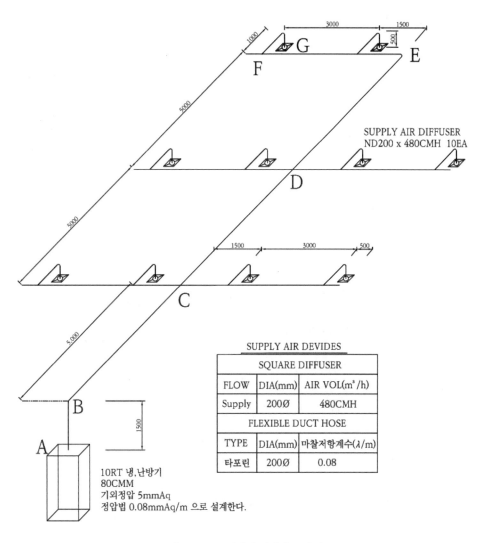

SUPPLY AIR DIFFUSER
ND200 x 480CMH 10EA

SUPPLY AIR DEVIDES		
SQUARE DIFFUSER		
FLOW	DIA(mm)	AIR VOL(m³/h)
Supply	200Ø	480CMH
FLEXIBLE DUCT HOSE		
TYPE	DIA(mm)	마찰저항계수(λ/m)
타포린	200Ø	0.08

10RT 냉,난방기
80CMM
기외정압 5mmAq
정압법 0.08mmAq/m 으로 설계한다.

[그림 27] 10RT 패키지 에어컨 급기 덕트

에어컨 급기(SA) 덕트 정압법의 마찰손실은 0.08mmAq/m 기준으로 한다.

○ A → C 구간 풍량 4,800CMH와 마찰손실 0.08mmAq/m 교점으로 덕트 사이즈와 풍속을 구한다. **-520∅·6㎧·600×400·Pv 2.2mmAq-**

○ C → D 구간 풍량 2,880CMH와 마찰손실 0.08mmAq/m 교점으로 덕트 사이즈와 풍속을 구한다. **-435∅·5.4㎧·500×300-**

○ D → F 구간 풍량 960CMH와 마찰손실 0.08mmAq/m 교점으로 덕트 사이즈와 풍속을 구한다. **-285∅·4.1㎧·250×250·Pv 1.03mmAq-**

○ F → G 구간 풍량 480CMH 후렉시블 덕트 호스 규격은 디퓨저 선정 규격으로 한다. **-200∅·3.32㎧·Pv 0.67-**

디퓨저 선정은 강의실(40dB±3) 허용소음레벨 범위의 Neck Velocity(3.5~4㎧) ND200 각형 디퓨저(1.3mmAq·카탈로그)를 선정한다.

덕트 치수 선정은 마찰손실 도표(인터넷 내려받아)를 사용하거나, 애플리케이션으로 원형 덕트·풍속·사각 덕트 사이즈를 비교해 본다.

[그림 27] 에어컨 급기(SA) 덕트(각형)를 정압법으로 전 계통의 저항을 순서에 따라 구한다.

서울역에서 부산역 구간만의 마찰손실을 구하듯 'A'~'G' 구간만의 마찰손실을 에어컨의 기외 정압 5mmAq가 넘지 않도록 한다.

1. 직관 덕트의 마찰손실(0.08mmAq/m)

⇒ 'A'~'G'=1.5+5+5+5+4.5=21m×0.08mmAq/m=**1.68mmAq**

2. 분기 덕트의 마찰손실

⇒ 'C', 'D'는 구하지 않는다. -실무교육 때 자세히 설명한다.-

3. 곡관 덕트의 마찰손실

⇒ 'B' W600×D300·R/D(1.0)=(Pv)2.2×(ζ) 0.2=**0.44mmAq**

⇒ 'E' W250×D250·R/D(1.0)=(Pv)1.03×(ζ) 0.21=**0.22mmAq**

$\Rightarrow 0.44+0.22=\textbf{0.66mmAq}$

4. 후렉시블 덕트 호스의 마찰손실

- 1.5m/개소 · R/D(1.5) · 타포린(λ=0.08) · ND200 · 4㎧

$$Pv = \frac{v^2}{2g}\, r = \frac{4^2}{2\times 9.8}\, 1.2 = \frac{16}{19.6}\, 1.2 = 0.98$$

$Pv(0.98)\times\lambda(0.08)=\textbf{0.078mmAq/m}$(후렉시블 1m의 마찰저항)

$\Rightarrow \textbf{0.078mmAq/m}\times 1.5m=\textbf{0.117mmAq}$

R/D(1.5)=D×12=0.2×12=2.4m(후렉시블 R/D(1.5)의 상당길이)

$\Rightarrow 2.4m\times 0.078mmAq/m=\textbf{0.187mmAq/ea}$

$\Rightarrow 0.117+0.187=\textbf{0.304mmAq}$

5. 'E' 스핀 인의 마찰손실 (ND200)

Q3/Q1=480/960=**0.5(차트χ)**

V3/V1=480CMH · 3.32㎧/960CMH · 300×250 · 4.1㎧=0.8**(차트 y)**

(0.5χ · 1.0 y) · (0.5χ · 0.8 y)=**1.15(ζ)**

$\Rightarrow 1.15(ζ)\times 0.67(Pv)=\textbf{0.77mmAq}$

6. 디퓨저 마찰손실 480CMH · (ND200 · 4㎧) · 댐퍼(有)일 때 1.3mmAq

7. [그림 27] 에어컨 급기 4,800CMH 덕트 계통전압

구분	마찰손실(㎜ AQ)	수량	전압(mmAq)
직관	0.08mmAq/m	21m	1.68
곡관	0.66mmAq/ea	2ea	0.66
후렉시블	0.37mmAq/개소	1개소	0.304
스핀인	0.77mmAq/ea	1ea	0.77
디퓨저	1.3mmAq/ea	1ea	1.3
합계			4.714mmAq

[표 24] [그림 27] 마찰손실(mmAq · ea)

에어컨 덕트 설계 시 유의 사항은 실무교육 때 자세히 하기로 한다.

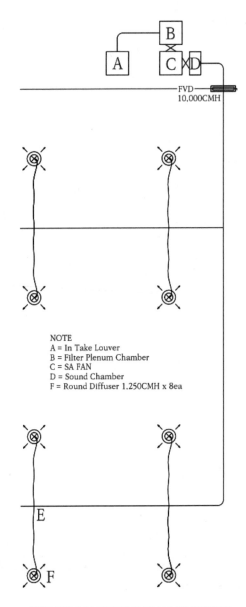

NOTE
A = In Take Louver
B = Filter Plenum Chamber
C = SA FAN
D = Sound Chamber
F = Round Diffuser 1,250CMH x 8ea

[그림 28] OA DUCT SYSTEM FLOW DESIGN

[그림 28] OA DUCT SYSTEM FLOW DESIGN 마찰손실을 구해 본다.

1. LOUVER(IN TAKE AIR) → 10,000CMH (카탈로그 참조)

⇒ 풍량 10,000CMH, 40dB, 1.5㎡, 1.8ᵐ/s=**2.8mmAq**

2. FILTER(PRE&MED) → 프리필터+미듐필터(말기 정압의 75%)

⇒ 프리필터 10mmAq+미듐필터 20mmAq=**30mmAq**

3. 리턴 챔버 → Plenum Chamber 팬 흡입구 면적의 15~20배

⇒ 챔버內 풍속 2.5ᵐ/s 이하. 3~5mmAq=**4mmAq**

4. 팬 → 흡입구 7.2ᵐ/s → 동압 3.17mmAq×1.0=3.17mmAq

⇒ 토출구 8ᵐ/s → 동압 3.92mmAq×0.5=**1.96mmAq**

5. 급기 챔버 → Sound Chamber 팬 토출구 면적의 20~25배

⇒ 챔버內 풍속 2.5ᵐ/s 이하. 6~8mmAq=**7mmAq**

6. 댐퍼(FVD) → 10,000CMH

⇒ □850×450×8ᵐ/s=**1.4mmAq**

7. 덕트 직관

⇒ RA 10m → 10×0.08mmAq/m=**0.8mmAq/m**

⇒ SA=40m → 40×0.1mmAq/m=**4mmAq**

8. 덕트 엘보우(90°·R/D=1.0)

⇒ RA 10,000CMH·1EA → □900×450 → 1.05×1=**0.84mmAq**

⇒ SA 10,000CMH·1EA → □850×450 → 1.05×1=**1.05mmAq**

⇒ SA 5,000CMH·1EA → □650×350 → 0.75×1=**0.75mmAq**

⇒ **(0.84)+(1.05)+(0.75)=2.64mmAq**

9. 스핀 인 → 1,250CMH · 4.5$^m/_s$ · ND300=1.42mmAq

10. 후렉시블 → 디퓨저 1,250CMH · 4.5$^m/_s$ · ND300=0.6mmAq

11. 디퓨저 → 1,250CMH · 4.5$^m/_s$ · ND300 · 35NC

⇒ Pt(damper無)=**1.3mmAq**

NO	OA Duct System Assembly	ΣmmAq
1	LOUVER(IN TAKE AIR) 10,000CMH · 1.8㎧	2.8
2	FILTER(PRE&MED) 말기 정압의 75%	30
3	RA Plenum Chamber 팬 흡입구 면적의 15~20배	4
4	팬 흡입구 7.2㎧, 동압 3.17mmAq×1.0 → 3.17mmAq 팬 토출구 8㎧, 동압 3.92mmAq×0.5 → 1.96mmAq	5.13
5	SA Sound Chamber 팬 토출구 면적의 20~25배	7
6	FVD 10,000CMH □850×450 · 8㎧	1.4
7	Straight RA Duct 10m×0.08mmAq/m → 0.8mmAq SA Duct 40m×0.1mmAq/m → 4mmAq	4.8
8	RA90° 10,000CMH · 1EA · □900×450 → 0.84mmAq SA90° 10,000CMH · 1EA · □850×450 → 1.05mmAq 5,000CMH · 1EA · □650×350 → 0.75mmAq	2.64
9	스핀인 1,250CMH · 4.5㎧/ND300	1.42
10	후렉시블 ND300×4.5㎧ · 1개소	0.6
11	디퓨저 1,250CMH · 4.5㎧ · ND300(Pt damper無)	1.3
12	합계 : mmAq	61.09

[표 25] [그림 28] OA 덕트시스템 마찰손실 계산표

[그림 28] 덕트시스템의 송풍기 모터 동력을 구한다.

1) 시로코 팬일 때

2) 에어포일팬일 때

6-4의 송풍기 동력계산을 참고하여 계산한다.

실무교육 때 필자와 계산값을 비교하도록 한다.

분기 덕트와 네듀싱의 저항 계산은 실무교육 때 자세히 하도록 한다.

[표 25]의 전체 마찰손실값 61.09mmAq에서 필터(프리+미듐) 저항값을 제외한 마찰손실은 30.09 mmAq로 필터의 저항 값(30mmAq)과 대등하다는 걸 알 수 있다.

필터의 초기 압력손실이 20mmAq으로, 10mmAq 압력 값이 초과 운전되어 필터의 눈 막힘 현상이 30mmAq 말기압력에 도달할 때까지 과다한 압력으로 운전된다는 사실을 충분히 인지하여야 한다.

[그림 28] 덕트의 직관 길이 50m와 90° 엘보 3개의 압력손실이 7.44mmAq 정도로 필터의 초기 압력손실 차이의 25% 정도밖에 안 된다는 점 또한 실무에서 주지해야 할 부분이다.

급기(SA)각형 덕트 마찰저항 0.1mmAq/m · 90°elbow	
장변길이(mm)	마찰저항(mmAq/ea)
150~250	0.24
251~500	0.45
501~750	0.75
751~1,000	1.05
1,001~1,500	1.5
1,501~2,000	2.1
2,001~2,500	2.7
90° 엘보의 개략(槪略) 계산이 필요할 때 참조	

[표 26] 급기(SA) 각형 덕트 마찰저항 0.1mmAq/m · 90°elbow

8-8. 덕트 기구의 배치

덕트 시스템을 구성하고 있는 구성품들 대다수는 사용 위치와 크기가 거의 결정되어 있다. 다만 실내 기류를 조성하는 에어 디바이스의 위치를 결정하는 것은 실내공간의 크기와 형태, 공급기류 온도에 따라 다양한 방법이 제시되고 있다. 특히 제조사들이 다양한 에어 디바이스의 성능 데이터를 제시하고 있어 여러 제조사의 제품 특성을 잘 이해하는 것이 우선이라 하겠다.

급기와 배기(리턴)의 에어 디바이스는 어떻게 배치해야 하는가?

눈에 보이지 않는 공기의 운동 패턴을 어떻게 이해해야 하는가에 대해서는 충분히 설명하였다고 생각하지만, 눈으로 보지 않고 이해하기란 쉽지 않았을 것이다. 이제부터 공기의 유동을 눈으로 직접 확인하는 방법을 설명하겠으니, 머릿속으로 상상을 해 보고 바로 실험해 보도록 한다.

1. 집에 있는 욕실로 들어간다.
2. 욕실의 출입문과 배기 환풍기의 위치를 파악한다.
3. 환풍기를 OFF 상태로 하고 욕실의 출입문을 닫는다.
4. 욕실의 샤워기를 온수로 세게 튼다.
5. 욕실 내부에 수증기가 가득 차도록 기다린다.
6. 욕실 천장 아래로 500㎜ 이상 수증기가 형성되면 샤워기를 닫는다.
7. 욕실 출입문을 활짝 열고 수증기가 욕실 밖으로 빠져나가는 패턴을 기억한다.
8. 다시 반복하여 수증기를 채운 다음 욕실 출입문을 300㎜ 정도 열고 환풍기를 작동시킨다.
9. 욕실의 열린 출입문 사이로 급격히 빠져나가는 수증기가 욕실 환풍기의 배기량에 의해서 거실 공기가 욕실 내부로 빨려 들어와 수증기 방향을 바꾸게 되는 순간까지 욕실의 출입문을 천천히 닫아 보라.

욕실 내부의 수증기는 공기 중에 포함된 5㎛ 내외 크기의 물 입자들이다. 입자들이 공중에 부유하는 것은 샤워기에서 높은 온도의 물 분자들이 주변의 공기를 데우는 효과로 욕실 내부의 공기 온도보다 높기 때문이다.

욕실 출입문을 여는 순간 욕실과 거실 공기 온도 차에 의한 대류현상으로 욕실 내부의 수증기는 급격히 욕실 밖으로 빠져나가는 동시에 거실의 차가운 공기가 밀려 들어온다.

욕실 문이 열려 있는 동안 대류에 의한 욕실의 더운 공기와 거실의 차가운 공기가 순환하게 되는 현상은 욕실의 환풍기가 돌아가고 있음에도 전혀 개선이 안 된다.

이때 서서히 욕실 문을 닫기 시작하면 대략 30cm 정도 욕실 문이 열린 상태부터 일부는 욕실 밖으로, 일부는 환풍기 방향으로 진행한다.

욕실 문을 2cm 내외까지 닫아야 욕실 내 기류가 환풍기 방향으로 이동하고 욕실 문밖으로 빠져나가지 않게 된다.

욕실의 환풍기 풍량은 욕실 볼륨(체적)의 10회전/h이 설계 기준이다.

욕실에 급기 디퓨저를 설치한다면 어느 위치에 설치해야 할까?

욕실의 배기 환풍기 위치는 어느 위치에 설치해야 하는가?

욕실의 배기 환풍기는 출입문에서 가장 먼 지점에 설치해야 한다.

욕실의 수증기와 냄새를 신속히 배출하기 위해선 공기가 정체되는 그곳에 있어야 한다는 것과 실내에서 열이 발생하는 지점에 있어야 한다.

만약 배기 환풍기가 욕실 안쪽에 위치하지 않고, 욕실 문 앞에 있다면, 욕실 문을 열었을 때 배기 환풍기는 거실의 공기와 욕실 내 수증기를 동시에 배출하기 때문에 10회전/h 용량의 배기팬이 욕실의 수증기만 배출하지 않고 거실의 공기를 함께 배출하는 만큼 환기 회수가 줄어들게 된다. 그만큼 욕실 내부의 수증기는 배출되지 않고 정체된다.

급기(SA) 디퓨저는 출입구 근처에 위치해야 한다.

배기(EA), 리턴(RA) 디퓨저는 실내공간에서 가장 정체가 되는 곳으로 출입구에서 가장 먼 곳부터 배치해야 한다.

천정형 에어 디바이스 위치는 전등과의 간섭을 유의해야 한다.

전등의 위치가 우선 되어야 하므로 제조사 카탈로그를 참조하여 확산반경과 도달거리 등을 참조하여 전등과 에어 디바이스 위치가 겹치지 않도록 유의한다.

실무교육 에어 디바이스 선정 시간에 카탈로그의 확산반경과 도달거리를 적용하여 에어 디바이스 배치할 때 자세히 설명하기로 한다.

제9장
덕트설계 실무교육 후기

9-1. 수강생 후기

강○○[인천] 2007.10.20 21:52

우리 카페지기님 정말로 훌륭한 교육 감사드립니다.

그날 너무 많이 수고하셨고요, 차 교육 때 다시 뵐게요. ^^

이○○[대구] 2008.10.06 09:08

8시간 동안 교육하시느라 목도 아프시고, 다리도 아프셨을 텐데, 수고하셨습니다. 이제 남은 건 내공을 쌓는 일뿐이군요^^

김○○[김해] 2008.10.09 14:44

샘~! 그날 많은 것을 배웠습니다. 많은 자료를 참고로 현장 실무에 적용할게요~! 그날 오신 분 모두 뜻깊은 자리 좋은 인연이었습니다.

쿠니[정○○] 2007.08.22 10:30

지속적인 교육의 기회가 주어짐이 감사할 따름이죠!!! 교육의 효과를 배가하기 위해 선행학습의 범위나 수준 정도를 공지해 주시면 좋겠네요….

(과제물 제출까진 아니라도) 우리 카페 회원님들의 기술 향상과 친목 도모를 위해 수고하시는 회장님의 고마움에 감사드립니다~ 복받을껴 ^@^

박○○[경기] 2009.01.19. 09:06

고생 많으셨습니다. 학원과 노래방 등에 패키지 덕트 연결형으로 해 달라는 곳이 많았는데, 늘 못한다고 발뺌만 했었습니다. 이제 자신감이 50% 정도 생긴 것 같습니다. 나중에 또 교육 부탁드립니다.

박○○[서울] 2009.01.23. 22:00

후기가 늦었군요…. 이번 한 주가 어떻게 지났는지 모를 정도로 정신이 없이 갔습니다. 교육 마치고 인사도 제대로 못 한 것 같은데 다음에도 기회가 되면 한 번 더 참석하고 싶습니다.

김○○[서울] 2009.03.01. 21:17

역시 덕트에 종사하는 사람들이 많이 뒤처져 있다는 걸 많이 느낀 교육이었습니다…. 저를 포함해서요. 몹시 어렵습니다…. 거기다 속도감이 어쩌나 빠르던지…. 드라마는 속도감 있는 게 좋지만, 교육은 천천히 했으면 했습니다…. 하루에 모든 것을 이해하긴 너무 힘든 교육입니다…. 초급 교육이니만큼 제대로 해야 할 것 같습니다. 2회나 3회로 나눠서 했으면 하는 작은 바람이 있습니다…. 다들 생업에 종사하고 있어서 시간을 내기가 쉽지 않은 것은 알고 있지만 진정 덕트라는 길을 가려면 그래야 한다고 생각합니다…. 오늘 교육 좋은 사람도 만나고 좋은 기회였습니다. 다시 한번 들어야 하겠습니다.

전 이 카페 쥔장을 대장이라고 하고 싶네요. 오늘 보니 대장님 왜소하시데요. ㅋㅋ 깐깐하게 생기고 오늘 제 느낌은 그랬습니다…. 매우 깐깐하시겠더라고요…. 제가 부족하게 준비해서인지 50은 이해하고 50은 아직도 어리둥절합니다…. 암튼 우리 덕트가 앞으로 어찌해야 할지 길을 보여 준 것 감사합니다…. 그리고 많이 노력해야겠지요. 덕트가 발전해야 한다는 그런 취지 잘 알겠습니다…. 어떻게 준비하느냐에 따라 미래가 흥이냐 쇄냐, 죽어라 해야겠습니다.

김○○[논산] 2009.03.02. 09:56

어제는 정말 유익한 시간이었습니다. 무엇보다 대장님(?)의 열정적인 모습에 감탄하였고 또 반성도 많이 하게 되네요. 정말 감사합니다. 저도 밑에 김○○ 님의 생각처럼 기초교육이니만큼 2~3차에 걸쳐 자세히 했으면 하는 생각입니다. 실무 경험이 많은 것도 아니고 전문적으로 해 보지 않은 사람으로서는 알아듣기 힘든 부분도 많았거든요. ^^;; 정말 덕트를 제대로 알기 위해 시작한 만큼 더 열심히 공부해야겠습니다. 다른 분들과 이야기할 시간이 없어 오셨던 분들의 얼굴만 생각나고 성함들이 가물가물하네요. 교육만큼 교육을 같이 받은 다른 분들도 교류할 수 있는 시간이 더 있었으면 좋겠습니다.

권○○[서울] 2009.03.02. 23:17

오늘 너무 바빴네요. 이제 들어와서 글을 남깁니다. 어제 교육 너무나 좋았습니다. 평소 책으로만 접하다 보니 왜 그럴까? 하는 생각을 많이 했었는데, 제가 어제 교육으로 많은 걸 얻어갑니다. 다음 교육도 무조건 참석하겠지만 부족한 부분은 어제 교육으로 나름대로 채워야겠지요. 방장님을 보면서 많은 생각을 했습니다. 열정! 열정! 열정적 말 감탄이었습니다. 많이 닮아 가고 싶습니다. 나름대로 노력? 보이게 노력하는 모습 보이고 싶네요. 정말 고맙습니다.

그리고 수고하셨습니다. 감사합니다.

박○○[서울] 2010.01.10. 19:40

1년 전 초급 설계과정 교육받을 때는 용산에서 받았는데 이번에는 적은 인원으로 해서 아담하고 좋았습니다~ 중간에 선배님이 쏘시는 간식도 잘 먹고~ 교육 끝나고 저녁도 잘 먹고~ 현재 아파트 환기 쪽 일을 하는데 이번 교육으로 인해 어느 정도 기준으로 잡을 수 있을 것 같습니다. 마냥 주어지는 도면을 그냥 보인 것이 아니라 설계 도면이 제대로 된 건지 검토 및 수정할 수 있고 그로 인해 발생하는 결과를 어느 정도 예측할 수 있어서 앞으로 일을 할 때 많은 도움이 될 것 같습니다.

정○○ [부산] 2009.12.01. 09:36

이제서야…. 인사 말씀을 드리네요!! 교육에 참여하지 않았다면…. 크게 후회할 뻔했다는 것과…. 선배님들의 열의를 느낄 수 있는 계기가 되어…. 소중한 시간이 되었던 것 같습니다. 다시 한번 더 강의해 주신 윤홍수 선배님께 감사드리며…. 교육을 같이 참석하신 선배님들 수고 많으셨습니다.

신○○[창녕] 2010.12.13. 08:16

(2010년 12월 11일 제4회 환기 교육) 장시간에 걸쳐서, 열정이 넘치는 강의에 늘 감사함을 표합니다. 질문에도 자세한 답변을 주셔서, 현장에서의 유용한 팁도 진심 어린 가르침에 대한 고마움은 어떻게 표현할 방법이 없습니다. 제가 선배님 위치에 올랐을 때 후배들한테 저런 열정이 있겠느냐고…. 반문해 보면 단지 고마움이라는 표현으로는 부족하다는 걸 압니다. 이런 기회가 공부할 좋은 기회임을 압니다만, 제가 그릇이 적은 탓에 힘이 듭니다.

공부해서 의문 사항을 조사해서 다음 교육 때 또 질문드리도록 하겠습니다. 그리고 박○○ 선배님의 유머 넘치는 현장경험(노하우) 예기에, 교육 시간이 언제 지나갔는지…. 아쉬울 정도였습니다.

안○○[부산] 2010.12.13. 11:24

앞에 형님들께서 후기를 올렸으니, 아우로서 가만히 있을 수 없네요^^ 저는 머리가 좋지 않습니다. 생긴 건 공부 잘~~~하게^^ 생겼다고들 합니다. 하지만 사실 그렇지 않습니다. 이번 교육이 3번째입니다. 첫 번째 두 번째 교육을 듣고 나서는 말씀은 이해가 되는데 그걸 계산식으로 하려니까 돌아버릴 것 같았습니다. 그렇다고 너무 말도 안 되는 걸 질문했다가 개망신당할 것도 같고 해서 그냥 고개만 끄덕이다가 무거운 어깨로 집으로 돌아오곤 했습니다. 집에 돌아와선 다시 현실로 돌아가서 망치를 잡고 통을 조립하고 현장 가서 통 설치하기가 바빴습니다. 그러다가 이번 3번째 교육을 듣고 나니 조금씩 나아지는 게 느껴졌습니다. 그래서 기분이 너무 좋습니다. 노력하다 보면 되겠다는 확신이 듭니다.^^ 그리고 너무 좋은 선배님들과 함께해서 더욱더 좋았습니다. 앞으로 나쁜 머리 더 굴려서 가면서 나중에 저도 누군가에게 도움이 되는 그런 사람이 되고 싶습니다. 덕트 사랑 완전 대박 파이팅입니다^^

안○○[부산] 2011.02.28. 23:02

이번 교육을 통해 "하면 된다."라는 말을 깨닫게 되었습니다. 처음 교육을 받고 나서는 머릿속이 뒤죽박죽되어 버렸고 두 번째는 답답해 죽는 줄 알았고 세 번째는 "아~~ 나도 되는구나."라는 걸 느꼈습니다.^^ 늘 머릿속에 둥둥~ 떠다니던 의문들이 하나씩 풀어지는 듯합니다. 기분 좋습니다. 할 수 있을 것 같습니다. 노력하면 될 것 같습니다. 꾸준히 조금씩 욕심 부리지 않고 하나씩 꼼꼼히 배워 가겠습니다. 감사합니다. 윤홍수 선배님^^

이○○ [순천] 2011.04.18. 12:02

21회 덕트 설계 초급과정 교육을 받았던 전남 순천 ○○ 이○○입니다.

그동안 덕트 일하면서 설계나 견적을 혼자 해보진 못하고 들었던 이야기들만 하나하나 모아서 (대충 견적) 견적을 넣고 그랬었는데 어제 교육을 받으면서 생각했던 게 역시 프로라면 현장에 가서 얼마만큼 발주자를 이해시켜서 내가 유리한 견적을 넣느냐가 중요하겠구나 싶더라고요.

1교시부터 윤홍수 선배님에게 이야기 하나하나가 마음에 절실하게 와닿았고 조금 부족했던 뭔가를 채울 수가 있어서 좋았습니다. 어제 교육받은 거 100%로 아니 60%로 이해했다면 참 대단한 줄 아는데 아직 머리 회전이 그리 빠르지 않아서 다는 이해하지 못했지만, 저로서는 첫 경험이었고 즐거운 하루를 보낸 거 같아서 뿌듯했습니다. 방금도 견적하는데 어제 생각하니까 하나하나가 더 새롭게 보이더라고요. 앞으로 시간이 허락된다면 자주 가서 좋은 이야기 많이 들으면서 나의 발전에 밑그림을 만들까 합니다. 사실 어제는 뭘 몰라서 물어보지도 못하고 이야기해 주신 거 하나하나 생각하면서 공부하다 보면 다음 교육에는 많이 물어볼 수 있는 머리가 생기지 않을까 합니다. 너무 좋은 교육 말씀해 주셔서 감사합니다. 윤홍수 선배님 고맙습니다.

김○○[일산] 2011.05.16. 10:25

덕트 설계 초급과정 이후에 두 번째 듣는 교육이었습니다. 역시나 선배님 말씀대로 하루에 소화하기엔 부족한 제 필드 경험과 지식이기에 힘든 하루였습니다. 수강 내용의 생소한 단어라든지 용어들이 아직은 저에게 많은 것들이 필요하다는 생각이 들었습니다. 특히나, 선배님들의 필드 경험과 조언은 저에게 많은 도움을 주시는 것 같습니다. 언젠간 크게 성장해서 선배님들 이상으로 많은 것들을 후배들에게 전할 수 있겠습니다.

윤홍수 대표님 수고하셨습니다. 감사합니다. ^^

김○○[대전] 2011.08.22. 02:13

항상 책상 앞에 앉아 있으면 힘이 드는지…. 하지만, 즐겁고 유익한 시간이었습니다. 윤홍수 선배님의 경험과 지식에 다시금 앞으로 무엇을 해야 하고 가야 할 방향을 확인했던 기회였던 거 같습니다….

이런 유익한 시간을 계속해서 같이 했으면 하는 바람입니다….

다음 교육에 뵙겠습니다…. 고생하셨습니다.

강○○[서울] 2012.04.09. 13:07

어제, 4월 8일 제23회 덕트 설계 초급과정이 있었습니다. 어디에서도 배울 수 없었던, 늘 궁금했던 의문점들을 알게 되어 좋았습니다. 생업에 종사하느라 바쁜 와중에서 이런 만남을 하게 된 동기 교육생들도 반가웠습니다. 또 다음 달엔 중급자 교육이 있다는 반가운 소식을 접하며, 윤흥수 대표님 수고 많이 하셨습니다.

김○○[광주] 2012.04.10. 08:42

후기가 늦어서 죄송합니다~~^^ 어제는 사무실이나 집안일로 인해 바빠져 후기를 남길 수가 없어서 오늘 아침 출근해서 후기 올립니다.

환경공학과에서도 듣지 못했던 실제 필드에서 써먹을 수 있는 교육은 참~~ 좋았습니다. 교수들도 자기들 분야가 아니면 얼렁뚱땅 넘어가는 그런 곳이 학교이면서 맨~~ 자격증이나 따라고 하는 학교 공부가 지루하고 따분했었는데 이번 교육은 알짜배기 교육이라고 말할 수 있었을 것 같습니다. 그러나 교육이 첨이라서 그런 건지는 모르겠는데 생소한 언어들과 빠른 진도로 인해 알아듣는 거나 이해하는 데 어려움이 많았던 것 같습니다. 이점 빼곤 정말 정말 좋았습니다^^ 다시 한번 더 듣고 싶네요.

김○○[동탄] 2014.01.06. 20:35

1/5 교육과정을 수강하고 난 후…. 단순히 현장에 머물러있던 저로서는 이 분야에서 더욱더 자기계발하는 방법이 무엇일까 고민하던 터에 인터넷서핑을 통해 가입하게 된 이 카페…. 그리고 교육 참석까지….

교육을 마친 후에는 스스로 "운이 좋았다"라는 생각부터 스쳐 지나가더군요. 무엇보다 목표설정과 제가 가야 할 길에 대한 방법들이 뚜렷해지고 있다는 안도감과 기대감에 설 습니다. 물론 초심자로서 부족한 경험, 예습량 때문에 교육 내용을 많이 흡수하지 못했다는 점은 아쉬웠지만, 많은 부분에서 뜻깊은 시간이었습니다. 불편하신 몸으로 교육 준비부터 교육 내내 애써 주신 것 진심으로 감사합니다. 열심히 배우겠습니다.

신○○[창녕] 2013.11.13. 00:22

클린룸 기초과정을 수강하고 난 후 소감입니다. 신선한 충격이었습니다…. 첫 기초과정 교육을 수강할 때 느낌이 생각났습니다. 머릿속은 무겁지만, 평소에 갈망하던 그런 강의, 예상치도 못했는데 접하게 되는 요소요소 피나는 노력, 경험이 뒷받침되어야 하는 기술이고, 보는 시각도 넓어지고, 생각 자체가 달라지는 교육이 아니었나…. 지금 이후가 중요하다고 생각합니다. 수강자가 수준을 올려서 문답식의 형태가 많아져야. 클린룸 설계 도면을 보는 시간이 좋았습니다.

다음에 재수강 기회가 되면 캐드 도면 해석하는 데 더 많은(천천히) 시간 배정을 원합니다. 나눠주신 교재로 복습(공부)이 되고 나서, 재수강이 필요합니다. 물론 추후 교육 일정이 있어야 하지만요…. 늦게 따라가더라도 끌어주시는 점 감사합니다. 많은 가르침의 머릿속에서는 랙이 걸리고 힘들지만, 비전이 있어 좋습니다. 4년 전 교육받기 전의 시간이 참~~ 생각나게 됩니다. 그때는 무식해서 행복했고, 지금은 알아가니 행복합니다. 값진 교육의 결실을 위해 조금씩 노력하겠습니다. 장시간의 강의 수고 많았습니다.

이○○[부산] 2014.06.26. 19:39

제27회 덕트 설계 실무 교육을 듣고 난 후 후기입니다. 정원 미달이었지만 예정대로 수업 준비에 수고해주신 윤홍수 선배님께 다시 한번 감사의 인사를 드립니다. 기초과정 3번째 들었습니다. 굳히기를 하러 왔냐? 하셨지만 선배님 뵈러 한 번 더 가야 할 듯싶습니다. ㅎㅎㅎㅎ

교육 때 준비과정과 단체 사진을 많이 찍었는데 폰을 분실했습니다. ㅜㅜ

4번째 교육 들으러 갈 때 다시 올리도록 하겠습니다. 이번 교육을 마친 후 많이 반성하였습니다. 이런저런 생각이 많은 하루였습니다. 뜬금없지만 부산 파이팅!

이○○[곤지암] 2016.09.12. 09:24

제33회 초급교육생 (주)○○공조 대표 이○○입니다. 환기의 개념은 모른 채, 제품에 대한 이해만으로도 제조원으로서 충분하다고 생각하고 있었던 자입니다. 공장의 증설과 설비의 증설로 인해 자그마한 그릇에서 조금 더 큰 그릇으로의 변화가 필요한 시기였습니다.

교육이 필요하다고 여기고 있는 차에 이렇게 카페에서 손을 내밀어주셔서 대단히 감사합니다. 교육이 끝나고 다시 한번 공부하는 시간을 가져야 한다고 하셨는데. 일상의 업무에 맞닿으니 쉽지 않게 시간이 흘러 버렸습니다.

추석 연휴와 출장이 있어 이런 시간에 여유 있게 공부하는 시간을 만들고 계속해서 교육에 참여하여 발전되는 모습을 보여드리고 싶습니다.

고맙습니다.

박○○[충북] 2018.01.30. 09:24

36기 교육생 박○○입니다. 개인적으로는 교육비용이 적잖은 금액이어서 조금의 걱정을 하고 참석한 교육이었으나, 우려와는 달리 전혀 아깝지 않은 마음 뿌듯한 교육이었습니다^^ 열정적으로 교육, 지도하여 주시고 본인의 지식과 노하우를 집약하여 알려 주심이 정말 감사하였습니다.

그동안은 업계에 근무하면서 차근차근 배워온 것이 아닌, 듬성듬성 혹은 어깨너머 아주 조금 일부분을 들어왔던 그것이어서 뭔가 퍼즐이 맞춰지지 않고 사방에 뿌려져 있는 느낌이었으나 교육받고 나니 퍼즐의 순서를 맞춰가는 듯했습니다. 앞으로도 길게 맞춰질 수 있도록 지속적인 교육 부탁드립니다. 다시 한번 윤홍수 강사님께 감사드립니다^^

9-2. 필자의 후기

제1회 덕트설계 초급과정 실무교육 후기 2007.05.21 12:20

이 강좌를 개설하기 위한 준비는 오래전부터 해 왔으나, 이렇게 서둘러 하게 된 배경은 그동안 "덕트국가기술자격증" 실현을 위한 여러 가지 노력을 해 왔으나 보다 구체적이고 실현할 수 있는 계획과 실천의 필요성을 절감하게 되었기 때문이었다. 그러한 절박함은 작년에 한국실내환경학회 주최로 개설한 실내환경전문가 양성 교육에 나를 포함한 8명이 교육을 이수했던 것이었다. 본인의 전시회 3일 기간에 교육 일정이 2일이나 겹쳐서 전시회에 카탈로그만 2일간 비치하는 것으로 전시회를 마쳐야 했었다.

더욱 안타까운 그것은 80여 명 교육생 중에 8명이면 상당한 비중을 차지했음에도 올해부터 시행하는 "실내환경관리사" 민간 자격교육 대상에 관련학과 졸업예정자 및 졸업자로 제한을 두는 것을 보고는 더 이상 다른 협회나 단체에 기대어 덕트를 자격제도 안으로 끌어들이려 한다는 것이 얼마나 무모한 일이었는지 새삼스럽게 확인하게 된 것이다. (이 부분에서는 정말 할 말이 많지만….)

그럼 우리는 어떻게 스스로 이 문제를 해결할 것인가! 앞으로 3년 안에 "전국 덕트인 연합회"를 결성해야 한다.

ㅇ 결성을 어떻게 할 것인가?
- 최소한 200명 이상 모여 발기인대회를 갖는 것이다.
ㅇ 누가 참여할 것인가?
- 덕트 설계할 수 있고 관련 실무경력이 최소한 3년 이상 된 자.
ㅇ 자격증 문제는 어떻게 해결할 것인가?
- 협회 구성 후 협회 차원에서 민간자격 자격증을 추진하는 것.

이러한 구체적인 플랜을 가지고 매월 10여 명씩 "덕트 설계전문가 양성 교육"을 실시하면 한 해에 약 100명의 전문가를 양성할 수 있고, 3년이면 대략 300명의 덕트 실무전문가 집단을 형성할 수 있을 것이다.

가장 시급한 것이 기존 덕트공들을 한 단계 끌어올려 스스로 설계할 수 있는 엔지니어링 능력을 키우는 것이고, 또한 새로이 입문하는 후배들을 보다 체계적인 학습 프로그램을 통하여 가장 경쟁력 있는 후배들을 양성해 고질적인 인력난(고급 기술자)을 해소하여 주먹구구가 아닌 업계 스스로 엔지니어링 가능케 하여 덕트 산업을 한 단계 끌어올리는 것이다. 이와 같은 계획과 비전을 실천하기 위해 덕트 설계전문가 양성 교육을 결행에 나선 것이다. 어차피 누군가에 의해 어떠한 형태로든 언젠가는 시도될 일이고 실현될 일인 것이다.

환기 시장을 넘어 새로운 공기 질 산업이 벌서 목전에서 벌어지고 있는 것이기에 나의 절실함과 조급함이 절대 기우가 아니길 바라면서 새로운 산업 진입에 우리 덕트공들은 어떻게 대처해 나갈 것인지 묻고 싶다!

덕트설계 실무강좌를 개설하며… 2007.05.26 10:34

"국가 덕트 기술자격증"의 실현은 정말 가능한 것일까? 만약 국가나 단체에서 실시한다면, 과연 어떤 수준이 될 것인가? 또한 그러한 자격증은 실무에서 꼭 필요한 업무 지식과 기능기술을 담아낼 수 있는가?

국내에 건축설비 학과가 개설된 지 벌써 20여 년이 지나고 있으나, 과연 20여 년 동안 배출된 기술인들이 덕트 산업 발전에 어떠한 역할과 기여를 해 왔는지, 그리고, 현재 환기 시장을 이끌고 갈 만한 전문가 집단으로 역할을 감당할 만큼 역량이 있는지, 이러한 현 상황에서 과연 덕트공들은 어떻게 시장을 지켜 나가고 확장해 나갈 것이며, 그들과 어떻게 차별화된 경쟁력을 확보할 수 있는지…. 이러한 모든 문제를 해결해 나갈 방법으로,

첫째, 덕트 설계가 가능한 엔지니어링 능력을 배양하는 것.

둘째, 설계와 시공이 가능한 이들로 전국적인 연합회를 결성하는 것.

셋째, 협회 차원의 민간자격 제도를 시행하는 것.

-이때 자격증은 산업기사 수준 이상의 실무와 설계 능력을 갖추게 됨-

백 마디의 구호보다 한 번의 실천이 세상을 바꾸는 힘이 될 수 있으니. 덕트공들의 경쟁력과 수준 높은 자격증 실현을 위해 오래전부터 준비해 온 실무교육에 많은 참여를 바라는 바이다!

덕트 기술자격증 [덕트설비 관리사] 2007.08.08 15:43

1978년 8월에 건설 일용공으로 입문하여, 1989년 7월에 사업자등록을 하고, 큰 위기(부도)를 두 번씩 겪으며 30여 년을 지나오면서….

본인 회사 홈페이지를 개설하여 [닥트설계시공실무]게시판에서 덕트 관련 기초 개념과 실무를 연재해 오다…. 2003년 1월 4일 다음 카페에 덕트 국가기술자격제도 즉각 실시하라며 '덕트사랑'을 오픈하게 되었다.

작금의 덕트업 현실을 타개하기 위한 절대적인 이슈가 덕트 국가기술자격증이었다. 지금까지 덕트 국가기술자격증의 필요성에 대하여 참으로 많은 이야기를 해 왔다. 때론 욕도 하고, 웃기도 하고, 가슴 쩡한 감동도 느끼며, 5여 년의 시간이 흘렀다. 그동안 덕트를 비롯한 환기와 공기 질 시장이 급속히 팽창되면서…. 그전과는 전혀 다른 새로운 국면을 맞이하게 되었다. 덕트 국가기술자격증이 전혀 필요 없게 되어 버린 것이다. 대학 학부 과정이 없으면 기능사에 국한된 것인데. 지금 현실에서, 덕트 기능사 자격증이 생긴다 한들 누가 취득할 것이며, 그 자격증으로 무슨 경쟁력이 있어, 새로운 공기 질 시장에서 살아남을 수 있을까. 이에 대해 심각한 고민을 하지 않을 수 없었다. 현재 생각으론 -시간이 흐르면 분명히 더 나은 방향으로 바뀌기를 바라면서-

1. 어떻게든 시급히 협회를 구성해야 하겠고.

2. 협회 구성을 위해선 회원 스스로 자발적인 모임을 끌어내야 하고.

3. 협회 구성 후 협회 차원의 [덕트설비관리사] 민간자격을 도입하고.

4. 시험과목을

1) 덕트의 제작, 2) 덕트의 설계, 3) 덕트의 수량 산출과 적산, 제작은 수작업으로, 설계는 캐드를, 수량 산출과 적산은 엑셀을 필수로 하여, [덕트설비관리사] 자격증을 기능과 설계 실력을 갖춘 덕트 시스템 전문 민간자격증이 되도록 하는 것으로….

그리하여 [덕트 설비관리사] 자격을 취득하면 설계에서 시공까지…. 국내 유일한 기사급 정도의 수준으로 실시해야만 앞으로의 새로운 시장에서 경쟁자들과의 경쟁에서 살아남을 수 있는 실력 있는 전문 덕트인들을 양성하고, 협력하여 서로 공동의 이익을 취하면서…. 그동안 불합리했던 관행들과 제도를 실력으로써 바로 잡지 않으면 안 된다!라는 생각하게 되었다.

현재 덕트를 하고 있다고 해서 모든 덕트인들을 그런 수준으로 끌어올릴 수는 없을 것이다. 의식 있는 소수의 덕트인들이라도 제대로 해나갈 수 있기를 바라면서. 정부 기관이나, 타 업종 협회의 힘이 아닌, 우리 자신의 힘으로 할 수 있는 일이기에 감히 실현해 보리라 굳은 결심을 하게 되었다.

새롭게 환기와 공기 질 시장에 참가하게 된 이들도 덕트를 제대로 알지 못하면 새롭게 시작한 사업도 한 발짝도 나갈 수 없을 것이다. 기존 덕트인을 포함한 모든 이들의 참여를 바라면서. 끝으로 한 가지 당부한다. 50여 년이 넘도록 덕트 업종은 기계설비의 착취 그 자체였다. 이제는 정당한 노력과 땀의 대가를 제대로 받기 위한 노력을 해 보자. 50여 년의 노예 생활을 벗어 보자는 것이다. 나는 노동운동을 하거나 민주화 투사처럼 커다란 일을 하고자 하는 게 아니다. 한 업종에 30여 년 종사해 온 이로써. 이 일만큼은 누군가 해야 하지 않겠는가 하는 생각으로 지금에 이르고 있는 것이다.

덕트공의 체계적인 학습을 위해서 2007.08.08 15:43

초심자들이 덕트 공부를 하려고 하다 보면 어떻게, 어디서부터 해야 할지 막막하기만 하여 이곳 저곳, 이 책 저 책을 뒤져 보긴 하지만 명쾌하게 설명하거나 공부 과정(study schedule)을 소개하는 곳은 단 한 군데도 없고 편린(片鱗)으로 여기저기 체계적이지 못한 정보들만 넘쳐 난다. 울 카페에도 심심치 않게 올라오는 질문들이 덕트 교재 소개에 관한 글을 볼 때마다 답답한 심정을 금할 수 없다.

덕트는 단순히 풍량 대비 규격만으로 끝나는 것이 아니라, 유체역학과 열역학을 기초로 공부해야 하는 하나의 학문 분야로 봐야 하기 때문이다. 기류를 조성하고 이해하는 데에도 기상 관련 지식도 필요로 한다…. 이렇게 기초역학 부문을 뛰어넘어 단순하게 눈에 보이는 형상의 덕트만으로 이해하려고 하니 쉽지 않은 것이다.

평소에 덕트를 우습게 아는-대다수 모두가-이들도 막상 덕트를 설계하고 응용하려고 할라치면 매우 난감해하는 부분이 바로 이와 같은 기초공부가 충실히 되어 있지 못하기 때문이다. 더욱이 현재의 덕트공들이 이러한 부분을 이해하고 스스로 현장에 적용하기까지에는 누군가의 도움이 없이는 거의 불가능하다고 봐야 한다. 초급 덕트 설계 교육에서도 이러한 부분의 이해를 어떻게 짧은 시간에 이해시킬 수 있을까 하는 부분에서 가장 큰 고민을 했고 나름대로 상당한 시간을 들였던 것이기도 하다.

기존의 덕트공들이 체계적인 학습을 위해서는,

첫 번째, 덕트 시방서(spec)를 구해서 무조건 암기한다는 생각으로 시방서를 완벽하게 이해해야
한다.

왜냐하면 어떤 분야고 그 분야의 표준을 정할 때는 당시 그 분야 최고의 실력자들이 참여하여 결
정하기 때문이다. 헌법을 만들 때 최고의 헌법학자들이 참여하듯이 이해하면 된다. 이러한 표준시
방서를 한 번도 읽어 보지 않은 체 "마땅한 덕트 책 없어요?" 하면 정말 한대 패주고 싶은 심정이다.
덕트 분야별로 특기시방서 따로 있으니. 제연/스테인리스/PVC/클린룸… 관련 부분의 시방서만 공
부해도 50%는 성공했다고 봐도 무방할 것이다.

두 번째, 카탈로그를 구해서 열심히 공부하는 것이다.

덕트 시스템 구성에는 여러 가지 부속물들이 알맞게 조합이 되어야 제 역할을 할 수 있기에, 종
류별 제조업체의 카탈로그에서 퍼포먼스 데이터를 숙지해야 하는 공부가 매우 중요하다. 이 부분
은 실전에서 바로 적용되어 최상의 컨디션을 유지해야 성공적인 덕트 시스템이 완성되기 때문이
다. 각 업체의 카탈로그에는 그 업종의 모든 고급 정보와 기술들이 녹아 있는 자료집이기 때문이
다. 해서 관련 전시회나 박람회에 시간과 비용을 아끼지 말고 쫓아다니길 바란다.

세 번째, 선배나 상사의 경험과 노하우를 수집하라.

요즘은 덕트공들이 짧은 시간에 다양한 현장 경험을 하기란 불가능에 가깝다. 별 내용 없는 선배
의 이, 삼십 년 전 무용담에서도 귀담아듣고 간접경험을 해야 한다. 그리고 여러 관련 학회의 전문
가 양성 교육프로그램과 모임에 적극 참여하라.

네 번째, 인맥을 쌓아라.

분야별로 전문가 네트워크를 구성하라.

매우 긴 시간을 갖고 투자해야 할 것이다.

제6회 덕트설계 실무교육 후기 2008.02.25 19:03

새벽 5시까지 교육자료를 업데이트하고, 잠시 눈을 붙이고 수원역에서 8시 2분발 용산행 무궁화호를 타고, 9시 전에 회의실에 도착하여 준비하던 중에 빔프로젝터를 항상 임대해 사용하였는데 갑자기 고장이 났다고 한다. 전에도 비슷한 경험을 했던 터라 비상용으로 교육 2일 전에 새로 구매해 하루 전 집에서 작동해 보고 갔으나, 막상 회의실에 설치하고 보니 10시가 거의 다 되어 빔프로젝터 세팅이 끝나서, 미리 간단한 요깃거리 준비를 못 하고 바로 교육을 진행하게 된 점과 난방이 잘 안된 점이 약간 아쉬웠다.

3월 30일 환기설비 교육,

4월 덕트설계 실무교육,

5월 환기설계 실무교육,

6월 덕트설계 실무교육,

7월 환기설계 교육 회의실은 용산역 4층 별실 40인실 임대 예약을 마쳤다.

1회부터 6회까지 초급교육 이수 회원들은 재수강할 수 있으니, 별도로 정모나 번개를 갖지 않아도 교육 참석으로 일거양득이 되리라 생각한다. 대구 현장에서 일하다, 교육 수강하려고 올라오느라 늦은 최○○, 우○○ 후배들. 일부러 지방에서 올라오기가 쉽지 않은데. 앞으로 우리 후배들 기대에 부응할 수 있도록 더욱 열심히 준비해야겠다.

제9회 덕트 설계 실무교육을 마치고 2008.09.01 10:11

이번 교육을 준비하면서, 과연 '덕트'는 한마디로 무엇인가? 덕트 설계는 어떻게 하면 되는가? 덕트 설계의 표준은 무엇이고, 누가 그 기준을 정하게 되었으며, 그 기준의 원칙은 무엇인가?에 대한 확실한 답을 알아야 한다고 생각했다.

30년 넘도록 덕트와 작업환경개선, 환경공조시스템를 해 오면서, 각각 다른 프로젝트의 다양한 환경조건에 맞는 시스템을 구성하면서, 덕트의 중요성은 그 어떤 공정보다 절대 떨어지지 않는다는 것이고, 수많은 프로젝트…. 각 분야의 유능한 엔지니어들…. 그들의 완성도가 떨어지는 시스템이 되는 원인 중의 하나가 덕트 시스템의 무지에서 기인한다는 사실에 놀란 적이 한두 번이 아니다.

대한민국에서 덕트 위상은 건축의 도배, 타일만도 못한 지경에 이르렀다. -단순 설치공으로 전락한 점에서- 사회적 분위기도 그렇고 같은 설비업종의 협회 관계자나 관련 공무원들도 덕트에 대한 관심이 없는 듯하다. 요즘 들어 공기 질 관련법의 개정에 따라, 열회수환기장치에 관한 관심이 지나쳐 한여름 호롱불에 달려드는 나방들처럼 너 나 할 것 없이 모두가 새로운 블루오션이라고 판단하고 몰방하는 지경에 이르다 보니 이젠 피 터지는 가격경쟁에 이르고 말았다. 무조건 장비만 만들면 돈이 된다는 안일한 생각으로 참여하는 것 같은데, 막상 현실은 그렇지 않다는 것을 다들 느끼는 시점이 된 것 같다. 그러한 과정에서 기존 덕트공들은 새로운 기회가 된 것이 아니라, 오히려 위기가 되는 것이다.

이번 교육에서도 순수한 덕트공 비율이 40%였다. 60% 참석자들은 장비나 기계설비 업종 분야이다. 처음엔 안타까웠고 혼란스러웠다. 두세 차례 교육을 진행하면서 오히려 당연한 현상이고 바람직한 현상이라고 생각하게 되었다.

30여 년이 넘는 동안 덕트와 환경공조시스템 관련 일을 해 오면서 느낀 점은 다양한 프로젝트의 다양한 시스템의 에러가 덕트 시스템 이해의 부족 때문이란 사실에 번번이 놀라곤 했다. 그러한 프로젝트의 유능한 엔지니어들과의 교류에서 '바이오 환경공조시스템'에 관심과 공부를 하게 되었던 것이다.

덕트는 덕트만으로선 존재가치가 없다. -항상 주장하는 바지만- 시스템 속에서 덕트의 가치는 빛나는 것이다. 덕트 시스템을 이해하지 못해 완성도가 떨어지는 것은 물론, 프로젝트 전체가 문제될 수 있다.

덕트, 환기, 공기 질 관리는 결국엔 실내환경관리를 위한 각 부분이기 때문에 앞으론 실내환경개선과 관련된 '실내환경공조시스템' 엔지니어를 목표로 관련된 시스템 각 분야의 폭넓은 공부를 해야만 한다.

휴일도 마다치 않고 두세 번씩 교육을 받으러 오는 배움에 대한 열의에 어떻게 보답해야 할까? 매번 교육을 마치고 나면, 항상 스스로 부족했단 생각을 떨쳐 버릴 수가 없어, 한 회, 한 회 보완하지만, 8시간 교육으로 덕트의 전반적인 내용을 모두 이해시킨다는 것은 불가능하다고 생각하지만, 더욱 압축된 내용으로 실무 실전 사례들을 들어가며 설명하면 되는데, 그렇게 하다 보면 시간이 훌쩍 달아나 버려서. 항상 한두 시간 연장하게 되고. 아침 시간을 한두 시간 당겨서 하자니 멀리서 참석하기 어려울 것 같고. 모처럼 휴일인데 돌아가서 쉬어야 하는데….

혼자서 8시간 가까이 강의한다는 것이 쉬운 일은 아니고, 매회 교육자료를 업데이트하는 문제와, 사적인 모임과 집안 행사와 업무가 겹치게 되면 상당한 스트레스를 받곤 하지만, 그래도 즐거운 마음으로 집을 나선다.

추신 : 이번에도 시간에 쫓겨 사진을 못 찍었다….

제10회 덕트 설계 실무 교육 초급과정을 마치고 2008.10.06 00:20

이번 교육 신청 회원들의 연고가 부산, 김해, 대구, 서산 등 지방에서 신청을 하여 다른 회차보다 더 많은 신경이 쓰게 되었는데, 그렇다고 이전 교육이 소홀했다는 얘기는 아니고, 빔프로젝터 조작이 서툴러 화면이 작아 아쉬웠다.

지방 회원들은 새벽 6시 이전에는 기상을 해야 하고, 부산까지 귀가하려면 꽤 늦은 시간에야 도착할 것 같은데…. 비용과 시간을 들인 만큼 소득이 있었는지 항상 염려되어, 한 회 한 회 계속하여 강의 내용을 업데이트하고 있지만, 매번 여러모로 아쉬움이 남는다.

11월은 서울역 회의실을 모처럼 예약에 성공하였다. 좀 더 나은 환경에 장시간 교육을 받는 데 불편함이 최소화할 수 있도록 가능하면 서울역 회의실의 예약을 잘 잡아야겠다. 오전에 진행된 1, 2교시 내용은 한 시간으로 압축하여, 3교시 이후 실무편에서 여유를 갖고 좀 더 세밀하게 설명할 수 있도록 교육 내용을 조정토록 해야겠다. 이번 교육 때 설명한 송풍기 동력계산 자동계산표는 모터 선정값을 자동으로 선정될 수 있도록 업데이트한 후에 교육 슬라이드 마찰손실 표 보는 법과 함께 메일로 받아 볼 수 있도록 해야겠다. 왕복 이 천리 돌아가는 길에 항상 안전하기를….

열~ 공~ 합시다!

제12회 교육 후기 2009.01.22 20:50

이번 교육은 여러 가지로 준비를 많이 한 교육이었는데…. 제2차 공기 질 정책 방향 등등. 신규교육 수강생들이 기존의 덕트공보다 설계, 개발, 기술 영업 분야가 더 많은 것을 다시 한번 확인하는 계기가 되었고, 국내 덕트 설계 분야의 낙후성을 또 한 번 실감하는 자리였던 것 같다. 당장 환기 시장 즉 세대 환기 플랫 덕트의 정압 계산과 설계 기준치를 어떻게 잡느냐 하는 관심이 더 큰 것 같았다. 먼저 덕트 설계의 기본원리를 이해하고 나서 그 문제에 대해 접근해야 하는 것인데…. 초급 교육 과정에서 그 부분을 설명하고 그 문제점과 해결 방안까지 집다 보면 교육 본연의 기초과정을 튼튼히 하지 못하는 우를 범하는 것이라 적절한 상황에서 마무리하였다.

교육을 진행해 오면서 순수한 덕트공만을 위한 교육이 되어서는 안 되겠단 생각을 하게 되었고,

더욱더 현직의 덕트공들이 더욱 분발하여야만 된다는 현실을 어떻게 느낄 수 있을까? 하는 아쉬움이 남는다. 몸살감기를 무릅쓰고 교육 시간을 한 시간 더 연장한 것이 상당히 무리가 있었던 모양이다. 며칠간 아주 고생하였다. 언제까지 교육을 계속해 갈 수 있을지는 모르겠지만…. 좋지 못한 컨디션으로 부실하진 않았을까 하는 마음이다….

제14회 교육 후기 2009.04.06. 07:23

제14회 덕트설계 실무교육은 모처럼 열심히 하는 후배들만으로 진행하게 되어 정말 부담 없이 진행하였다. 특히 멀리 부산에서 재수강하러 올라올 안○○ 후배 먼 길에 수고 많았고~ 이제 교육에 감초가 된 듯한 함○○ 후배도 열정이 다른 후배들의 귀감이 될 듯하고…. 권○○ 후배와 김○○ 후배가 함께 형님, 아우 하는 모습도 보기 좋았고 처음보다 모든 교육 내용을 쉽게 이해하는 듯하여 보람을 느끼고…. 첫 수강인 민○○ 후배 재수강 후배들 사이에서 박진감이 있게 진행된 교육을 받느라 애썼고…. 항상 기본 교육 내용을 좀 더 압축하고 실무 사례를 한두 가지라도 더 소개해 줄 수 있도록 좀 더 노력해야겠다…. 마지막 후배들의 경험과 시공 방법에 대해 의견을 나누는 모습…. 정말 보기 좋았고…. 시간만 허락한다면 밤새도록 의견을 나누고 싶었던 아쉬운 14회 교육이었다.

덕트 설계 교육프로그램에 대해서 2009.09.25 18:38

덕트 업종이 설비 하청업에서 벗어날 수 있는 최선의 방법은 무엇인가? 이에 대한 답은 엔지니어링이 가능한 기술적 독립만이 하청을 벗어날 수 있다고 생각한다. 개인적인 경험에 비추어 봐도 단순 기능만으론 절대 하청을 벗어날 수 없다. 덕트인 스스로 기술적 자립이 가능해야만 업계 전체가 전문 직종으로써 그 역할과 권익을 되찾을 수 있다고 생각한다.

2007년 5월 20일 제1회 '덕트설계 실무교육'은 어느덧 14회를 진행하였고, '환기설계 실무교육'도 한 차례 진행해 오면서 본인의 공부가 많이 부족했음을 깨달은 중요한 시간이 되었고, 미숙한 진행으로 인한 시행착오를 겪으면서, 매 순간 나름대로 최선을 다한 아주 소중한 시간이었다. 그러나, 개인적으로 상당한 시간의 투자와 스트레스 -회의실 예약, 수강 신청 등- 그리고, 애로와 갈등이 많았던 것이 사실이다. 그래서 14회를 마지막으로 설계 강의를 접으려. 근 4개월 동안 고민 하다가 모든 여건이 어렵지만 어떻게든 계속 진행해야 한다는 결론-지인들의 조언도-에 이르게 되었다.

그동안 설계 교육을 진행해 오면서 미숙했던 부분들을 보완하여 아래와 같이 [덕트설계 실무교육]을 진행하려 한다.

[덕트설계 실무교육 STEP]
▶ [LEVEL 1] 덕트설계 실무교육 초급 기초교육-초심자들을 위한 실무교육
▶ [LEVEL 2] 덕트설계 실무교육 초급 실전교육
- [LEVEL 1] 교육을 압축 복습 후 실전 실무교육 진행
▶ [LEVEL 3] 환기설계 실무교육
- [LEVEL 2] 교육을 압축 복습 후 실전 실무교육 진행
▶ [LEVEL 4] 클린룸 덕트설계 실무교육
- [기초교육] 클린룸 설계에 대한 용어, 단위, 청정기법 등 기초이론과 실무
▶ [LEVEL 5] 클린룸 덕트설계 실무교육 [실전교육]
- 제약, 전자, 식품 공장 사례별 실전 실무교육

이상의 덕트설계 실무교육은 덕트공들의 하청을 벗어날 수 있는 유일한 길이기에 교육과 학습을 통한 LEVEL-UP으로 독립된 기술 영업만이 앞으로 모든 덕트인들이 지향해야 할 길이라 굳게 믿기에….

한 분야에서 31여 년을 넘도록 종사해 오면서 20여 년간 직접 설계 실무를 쌓아 온 경험과 노하우를 공유하기란 쉽지 않은 일이다. 덕트 업계의 희망은 후배들의 학습 의지에 달렸다고 본다. 그동안, 덕트 업계의 선배, 동료를 비롯한 덕트 관련 제조업체 공동의 직무 유기가 오늘날 한심스러운 덕트 업으로 전락한 책임을 면하긴 어려울 것이다. 그러나 이제 와서 누구를 탓할 필요가 있을까! 앞으로 남은 이들이 힘써 헤쳐 나가야 할 일이기에 후배들에게 희망을 걸어 본다….

제16회 교육 후기 2009.11.30. 00:55

토요일 교육이라서 부담 없이 하다 보니 8시가 훌쩍 넘어버렸고 부산, 창녕, 대구에서 카풀로 올라와 내려가는 모습을 보면서 새로운 희망을 보았다. 성장한 우수한 엔지니어들이 전국적인 네트워크 구성하여 덕트 업계는 물론, 기계설비업계에 한 축을 제대로 이어 나갈 수 있는 날이 올 때까

지 그 역할을 해 나갈 수 있도록 함께 노력해 나가길 희망해 본다. 동영상 자료와 시방서를 메일 송부했으니 확인들 하시고.

학습에 대한 인식 2010.03.23 11:17

2007년 5월 20일 제1회 '덕트설계 실무교육'을 시작한 지 벌써, 만 3년이 접어들고 있다. 그동안, 초급교육을 이수한 회원이 80여 명에 이르렀다. 참으로 어려운 여건 속에서 여러 수강생들과 덕트설계를 넘어 '실내환경개선'이란 커다란 학습 과제를 놓고 비즈니스와 연계한 공부를 어떻게 할 것인가에 대한 새로운 과제들을 하나씩 않고 돌아갔을 것이고, 인식한 만큼 스스로 많은 노력을 기울일 것이다!

동기부여! 미래 나의 가치상승이란 목표를 이루기 위한 동력이다. 교육의 효과는 지속적인 학습을 하고자 하는 동기부여에 있다. 그러한 개인적 학습 목표가 잘 전달이 되었는지는 의문이지만….

얼마 전 모 신문 칼럼을 내용 중에 〈논어〉에 보면, "알고 싶어서 애쓰지 않으면 가르쳐 주지 않고(不憤不啓·불문불계)". "한 모서리를 가르쳐 주었는데 나머지 세 모서리를 알지 못하면 다시 일러 주지 않는다(擧一隅·거일우 不以三隅反·불이삼우반 則不復也·즉불부야)"라는 말이 나온다. 그렇게 해야만 하는 이유를 공자는 이렇게 밝혔다. "배우기만 하고 생각하지 않으면 어두워지고, 생각하기만 하고 배우지 않으면 위태롭다(學而不思則罔·학이불사즉망 思而不學則殆·사이불학즉태)"는 것이다.

그간 80여 명의 교육 수료생들 중에는 자의 반 타의 반으로 수강을 하였던 이들도 여럿 있었고 앞으로도 그런 사례가 있을 듯하여, 교육 일정은 교육 신청자들이 정하는 쪽으로 하려 한다. 그리고, 그동안 교육 수강 회원 중심으로 워크숍을 일 년에 2회 정도 할 계획이다.

제23회 덕트설계 실무교육 후기 2012.04.09 12:55

집을 나서면서 날씨가 무척 좋아 기분이 좋았다. 고속도로를 동탄에서 들어갈까, 하다가 혹, 한식 성묘객들이 많지 않을까 우려되어 오산 IC에서 들어가 보니 예상대로 차량은 많았으나 아직은 밀리는 상황은 아니었다. 안성을 지날 때쯤 차량이 좀 밀리는 듯하더니 이내 정상이 되었다.

집을 나설 때부터 뭔가 빠진 게 있는 듯하여 두세 번 확인했는데…. 아뿔싸! USB를 빼놓고 온 듯한 불안한 예감…. 설마 하면서, 망향휴게소에 차를 대자마자 노트북 가방을 열어 보니… 보이질 않는다! 부랴부랴 노트북을 켜 보니, 다행히도 21회 교육 폴더가 있었다. 하지만. 23회 교육을 위해서 여러 날 많은 시간을 들여 업데이트했는데…. ㅠㅠ… 집으로 전화하니! USB가 책상에 있단다. 아내의 잔소리 들으며, 딸아이보고 아버지 메일로 보내라고 통화를 하고 나니 조금 안심이 되었다.

노트북에서 교육자료를 USB로 옮기면서 클라우드에도 올려놓을까 하다가 시간이 2시가 다 되어, 그냥 왔었던 것인데, 이런 상황이 되고 보니 후회막급이 아닐 수 없다. 다행히 회의실에 인터넷망으로 자료를 내려받아 무사히 교육을 마칠 수가 있었다. 아쉬운 것은 동영상이 볼 수가 없었던 점과 질문이 많아서 진도를 나가는데 시간이 촉박하다 보니, 23기 기념사진도 못 찍었다는 사실을 올라오는 차 안에서 알게 되었다…. 아이고! 바보 멍청이…. 역시! 하루 만에 다 소화하기 벅찬 분량이라는 점을 알면서도 하루 만에 진도를 나가야만 하는 현실적인 문제가 있다. 모두가 각자의 생업에 쫓기다 보니, 2, 3일씩 나눠서 교육하기란 심히 어려운 일이다. 바라는 점은 다양한 실내환경을 구성하는 '실내공기'를 어떻게 컨트롤할 것인가에 대한 개략적 흐름과 에어 디바이스의 선정과 송풍기의 특성을 이해하고 동력계산을 포함한 기종별 축동력 계산 방법, 그리고 칼쿠레토를 이용한 정압법에 따른 덕트 규격 선정과 압력손실을 구할 수는 있기를 바라며, 교육받으면서, 본인들이 내가 부족한 부분이 무엇이고, 확실히 무엇을 모르고 있었는가!를 느낄 수 있었으면 한다.

아나나 다를까! 오후 3시가 넘어가니 목이 잠기기 시작한다. 매번 교육 때마다 느끼는 고비다. 종일 서서 9시간을 강의한다는 게 그리 쉬운 일은 아니다. 그래서 교육을 한 번을 하려고 마음먹기가 그리 쉽지만은 않다는 나름의 핑계이기도 하다. 이번 교육도 예정 시간을 한 시간 가까이 지나도록 아쉬운 부분이 있었지만 나름대로 최선을 다한 시간이 아니었나 생각한다. 항상 교육을 마치고, 뒤풀이할 수 있는 시간이 없어서 아쉬웠는데 다음 교육부터는 뒤풀이 시간을 갖도록 해야 할 듯하다.

23기 여러분~~ 장시간 교육에 수고들 많았고, 열심히 공부들 해서, 업무 활용에 많은 발전이 있게 되기를 바라며…. 카페에 자주 들러서, 동기분과의 열심히 소통하기를….

제24회 덕트설계 실무교육 후기 2012.09.10 01:50

ㅠㅠ 하마터면 이번 24기 단체 사진 찍을 수 없을 뻔했다. 23기 사진도 남기지 못해서 정말 아쉬워했었는데. 황급히 해산 전에 아이패드로 찍다 보니. 좀 흔들렸네….

지난주는 정말 정신없이 바빠서 하루 4시간 정도밖에 잠을 자지 못해서 은근히 걱정되었었는데

1교시가 채 끝나기도 전에 목이 잠기기 시작했는데 그래도 무사히 교육을 마칠 수 있어서 정말 다행이다. 기초이론조차 제대로 정립이 안 된 이들과 함께 8시간 만에 일정 수준으로 끌어올려야 하는 심적 부담감이 너무나 크다. 특히, 돌아가면 당장 내일부터 현업에 곧바로 적용하고 활용할 수 있는 실용 지식으로 전달을 확실히 하였는가? 또한, 복잡한 계산을 거치지 않고도 보다 쉽게 결과를 도출할 수 있는 함축된 전문 지식의 전달자 역할을 충분히 하였는가? 참석한 선, 후배들 모두 향후 시장 전망에 대한 충분한 공감대는 형성하였는지…. 암튼, 장시간 열심히 공부한 24기 여러분 모두 화이팅!

제26회 덕트설계 실무교육 후기 2014.02.24 12:11

교육 8년 차에 처음 지각했다. 20여 분 늦게 시작한 교육 때문에 쉬는 시간을 아껴 가며 진도를 나갔지만, 오후 7시를 넘기고 말았다. 현장 실무 3년 이상 경력 덕트공 기준으로 실무에서 진행되는 부분들의 이론적 배경과 실무에 직접 활용할 수 있는 실무 지식을 전함으로써, 교육 이수 후 스스로 학습이 가능하게 하는 것이 교육의 목표이다.

이번 교육에는 '도면해설과정' 수강생들이 많아서 낯설지 않고 반가웠다. 아쉬운 점은 재수강 비율이 절반은 돼야 첫 수강 이수 후 의문점에 관한 질문이 많이 나올 수 있었는데 그 점이 매우 아쉬웠고, 교육 시간이 길어져 끝까지 함께하지 못한 수강생이 여럿 있어서 정말 아쉬웠다. 커피숍에서 늦게까지 함께 했던 후배들과의 대화에서 앞으로 할 일이 정말 많다는 것을 새롭게 인식하게 된 뜻깊은 시간이었다.

덕트를 단순한 형상 작업으로만 인식된 현실이 정말 안타깝지만, 교육을 통하여 덕트를 형상으로서만이 아닌 실내환경의 가장 중요한 요소라는 점을 이해하고, "실내환경산업"이 서서히 진행되고 있으니 꾸준한 학습을 통하여 좋은 성과가 있기를 바란다. 기차표 예약 시간까지 늦춰가며 수강한 열정에 박수를 짝! 짝! 짝!

제9회 IAQ·환기설계 실무교육 중급과정 후기 2018.02.11. 21:34

오랜만에 "IAQ·환기설계" 과정을 진행하게 되었다. "환기설비설계기준" 자료도 요약 설명하려고 했는데 시간이 너무 늦어, 관련 자료는 메일로 보냈으니, 프린트해서 설계 자료집에 함께 보관들 하시고,-잘 정리된 자료- 갈빗집 사진이 바탕화면에 있었는데 압축파일로 전체 사진과 도면을 함께 보냈으니 다른 자료와 함께 자주 보도록 하시고…. 갑자기 눈이 와서 귀갓길이 염려되는데…. 적지 않은 분량인데 구박받아 가며…. 상위 교육은 바로 진행하면서 점검해야지, 텀이 길면 어려워들 하는데, 암튼, 36기생 모두 클린룸 과정까지 함께 해 봅시다! 눈길에 무사히 도착하기를 바라면서….

제3회 클린룸 덕트설계 실무교육 -기초과정- 2018.03.11. 20:02

클린룸 기초과정을 3번째 하게 되었다. 기초과정에선 무엇보다도 정확한 청정도별 환기횟수에 대한 신뢰할 수 있는 선정 방법과 클래스 단계별 차압 기준과 차압 실현 방법에 대해 확실히 이해하고 실무에 바로 적용할 수 있도록 잘~전달이 되었는지….

동영상 자료와 기타 설계자료는 메일로 보냈고… 'CR 덕트설계 실기과정'은 제약회사-바이오 클린룸-과 반도체, 필름 코팅-공업용 클린룸-사례로 파티션 구획과 덕트 스케줄 작성, 실시 설계 전 과정을 학습하고, 기존 현업에서 검토하고 싶은 사례가 있으면 시간이 허락되는 한 함께 공부하는 시간이 될 수 있도록 하겠으니, 참석자 모두 캐드와 엑셀 프로그램을 구동할 수 있는 노트북 지참 필수!!!

제4회 덕트도면 해설과정 후기 2018.04.08. 20:49

"덕트설계도면해설" 과정을 근 3년 만에 진행하게 되었다. 제연 부분을 심화해야 했기 때문에 좀 더 자료를 깊게 들여다보게 된 계기가 되었고, 역시 공부엔 끝이 없다는 말을 새삼 느끼게 된 시간이었고. 특히 소방 감리 회원 덕분에 본인도 공부가 많이 되었던 시간이었다. 교육자료와 시간에 쫓겨 방영 못 한 동영상은 메일 확인해 보시고, 매회 시간이 부족한 걸까?

제4회 덕트 적산·견적 실무과정 2018.06.18. 09:25

2013년 3월 이후 5년 만에 "적산·견적 과정"을 진행하게 되었다. 그동안 실내환경산업이 답보상태였는데, 초미세먼지가 실내환경산업을 견인하는 것 같다. '실내환경산업'은 실내공기 질 관리와 환기 실무가 주축이 될 것 같다. IAQ Story 회원들 모두가 참여하는 전문가 네트워크를 출범해야 할 시점이 도래한 것 같다. 실내환경산업이 4차 산업혁명과 함께 성장 발전하게 될 것이라는 긍정적 사인이 곳곳에서 감지되고 있는데, 많은 전문가가 참여하는 계기가 되었으면 한다.

'덕트설계 실무교육' 일정 공지 2018.07.29 15:20

8월부터 약 4개월간 클린룸 공사를 진행하게 되었습니다. 부득이 정규 교육은 진행하기 어렵게 되어 수강을 원하시는 회원은 해당 교육 회차 공지 글에 댓글로 수강 의사를 남기시면 수강 신청 2명 이상일 때 연락을 통해 공지하겠습니다.

제39회 덕트설계 실무교육 초급과정 2020.05.18. 11:39

지난 주말에 코로나19로 연기됐던 실무교육을 2년 만에 진행하였다. 집안 사정으로 교육을 연기하려다, 교육 내용 이전에 신뢰의 문제가 있으면 안 되어 예정대로 진행하기로 하였다. 국민소득 10,000불이 되면, 공기 산업시장이 형성되어야 함에도 20,000불이 넘어 30,000불에 이르러도 미세먼지가 발암물질이라고 밝혀졌어도 마스크가 유일한 대책으로 별다른 시장의 반응이 없었으나, 코로나19 사태를 겪으면서 공기감염 때문에 죽을 수도 있다는 공포와 밀폐 공간에서의 감염이 확인되자 '환기'를 해야 한다는 말들만 무성해지고 있다. 암튼, 그동안 답보 상태의 공기 질 시장이 '공포'로 확산되는 계기가 되기를….

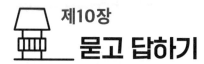

제10장
묻고 답하기

10-1. 책 좀 소개해 주세요

책 좀 소개해 주세요~ 땡○○ 2005.02.17 21:30

저는 덕트라는 일을 시작한 지 얼마 안 되는 사람입니다…. 현장 일도 잘 못하고 기본기도 없습니다. 그래서 부탁드리는 건데. 기초부터 알 수 있거나…. 설명이 잘 되어 있는 책이 있으면. 소개 좀 해주세요. 부탁드립니다.

어떤 책을 사서 볼까요. 소개 좀… 동○○○ 2006.10.28 10:46

덕트를 시작한 지 그럭저럭 되었습니다. 그런데 일할 때는 몰랐습니다. 그냥 하라는 거 하고, 도면 보고 설치만 하면 되니까;;;!! 누군가가 그러더군요. 덕트 아무것도 아니다. 그러나 그 깊이를 알면 알수록 힘들고 어렵다. 그러나 정말 일만 할 때는 몰랐습니다. 어느 정도 덕트를 알고 나서 조금씩 벽에 부딪혀 갑니다.

식구들도 생겼고 일을 맡아서 하려고 해도 주는 대로 덥석 받아서 하기도 그렇고;; 개뿔도 몰라서 그냥 가서 일만 해 준다고 해결된 것도 아니고. 쩝;; 사실 일만 좀 할 줄 알았지, 암컷도 모르는 상태라. 덕트를 좀 더 알고 공부하려고 하는데 뭐 덕트에 관해 전문 서적을 사서 공부를 하고 싶습니다. 전문가님들이 좀 추천해 주셨으면 하고 이렇게 글을 올립니다.

덕트를 공부할 수가 있는 책을 구합니다… 산○○ 2007.02.04 22:13

회원님들 안녕하십니까? 다름이 아니라 덕트에 관해서 공부 좀 할까 합니다. 그런데 서점에 가도 덕트에 관한 교재는 안 나와 있더라고요~ 어떻게 교재나 판금에 관한 책을 구할 수가 있는지는 없나요? 꼭!!! 부탁드립니다…. 긴급입니다….

닥트 관련 서적 추천 좀 해주세요 최○○[전남] 2008.12.10 18:00

이제 막 입문하게 되었습니다…. 입문한 지는 한 달 정도 됐네요. 나이는 31살이고요. 경비업체 다니다 그만두고 지금은 조그마한 가게에서 사장님한테 닥트를 배우고 있습니다. 배운다기보다 그냥 잔심부름하는 정도예요. 사장님이 작업하시면서 이것저것 알려 주는데, 아직 기초가 없어서 그런지 도대체 무슨 말인지 알 수가 없네요. ㅋ 그래서 책을 보면서 기초를 쌓아야 할 것 같아서 현업에 종사하시는 분들에게 이렇게 도움을 청합니다. 초보자가 볼 만한 책이 있으면 추천해 주시기를 바랍니다.

덕트 설계에 관한 책 막○○[시흥] 2014.12.01 19:25

안녕하세요…. 현재 크린룸 설계에 막 발을 들인 공조인입니다. ㅎㅎ 다름이 아니오라 덕트 설계에 대해 지식이 부족하여 책으로 먼저 기초를 잡으려고 하는데요. 인터넷에서 찾아보니 괜찮은 책을 구하기가 넘 힘드네요…ㅜㅜ 혹시 덕트의 기초를 잡으려면 어떤 책으로 공부해야 하는지 추천 부탁드립니다. 그리고 판매가 되는 책을 추천 부탁드립니다. ㅜㅜ 오늘도 즐거운 하루 보내세요. ㅎㅎ

10-2. 후배와의 대담

덕트 설계 관련 배울 수 있는 곳 이○○ [구미] 23.06.11 14:30

안녕하세요. 덕트 전문업에 종사하고 있는 1990년생입니다. 덕트 쪽에 종사한 지도 벌써 10년 차입니다…. 아버지 가업을 이어받아서 계속 사업을 이어가려고 합니다. 설계사무실 도면으로 제작, 설치는 아무런 문제 없이 잘 진행해오고 있습니다. 하지만 설계 측이나 샵 부분에서 항상 문제가 생기곤 하는데요…. 정확한 클린룸 설계하는 방법, 배기 라인 구축 시 사이즈 선정법 시로코 팬 선정법 등…. 알고 싶은 게 정말 많은데 정보를 습득할 수 있는 곳이 없습니다…. 공조냉동기계기능사 책을 사 봐도 설계나 덕트에 관한 내용은 극히 일부분이고 초급자가 접하기엔 너무 무거운 내용만 다루고 있습니다. 제가 궁금한 내용은

1. 정확한 설계를 하는 방법을 공부하는 방법
2. 어느 쪽으로 공부해야 할지 어느 방향으로 나아가야 할지입니다….

선배님들에 조언이 필요합니다. ㅠㅠ

답글 : 23.06.11 21:38

1. 정확한 설계를 공부하는 방법입니다.

첫 번째, 시방서를 완벽하게 이해해야 합니다. 덕트 설계, 감리, 시공 모두 시방서를 기준으로 합니다.

두 번째, HVAC SYSTEM을 정확히 이해해야 합니다.

세 번째, '덕트설계실무' 교재가 이번 달 내로 마무리되면 8월경 서점에서 구매할 수 있을 것입니다. 충분한 예습이 되었다고 생각되면, 8월 말경부터 다시 진행될 초급 교육부터 이수하도록 하세요.

2. 어느 쪽으로 공부해야 할지 어느 방향으로 나아가야 할지입니다.

최종 목표는 하청을 벗어나는 것입니다. 하청을 벗어나는 유일한 방법은 엔지니어링 능력을 확보해야만 합니다. 덕트 시공은 이미 전문 업종이 아니라 누구나 할 수 있는 설치업으로 전락했기 때문에 아무런 희망이 없습니다. 나의 비즈니스 생태계를 확장하려고 노력해야 합니다.

첫 번째, 덕트 설계 능력을 갖추는 것입니다.

두 번째, HVAC SYSTEM 전문자격을 갖추어야 합니다.

공지에 있는 "공조, 냉동기능사" 시험 일정을 참고해서 자격증을 취득하세요. "환기산업"에 진입하려면 "HVAC 전문가"만이 시장을 지배할 수 있습니다.

세 번째, CLEAN ROOM SYSTEM 전문가가 되어야 합니다. 최소한 10년에서 15년 가까이 노력해야만 합니다. 앞으로의 주력 산업은 AI, 반도체, 배터리, 바이오, 전기 및 자율자동차로 전개될 것입니다. 거의 모든 제조환경은 준클린룸 이상의 실내환경을 유지해야 하는 산업구조로 이미 바뀌고 있습니다. 최종 목표를 "실내환경" 전문가로 역량을 키워 나가면 반드시 성공할 수 있을 것으로 생각합니다.

앞으로 계획 중인 교육프로그램을 잘 이수하도록 하세요. 개인적으로 부친의 가업을 이어가는 후배들에게 희망을 걸고 있습니다. 언제까지 실무교육을 진행하게 될지는 모르겠지만 가능한 한 많은 2세 교육생들에게 비전과 스킬을 전달하고 그들이 합심하여 새로운 "환기시스템" 전문가 집단으로 사회적 역할을 할 수 있기를 바라는 마음입니다.

댓글 : 이〇〇[구미] 2023.06.12 09:42

정말 답변 감사합니다. 큰 도움이 되었습니다.

1. 8월 말에 진행될 초급 교육을 미리 신청해 두고 싶습니다~ 인원은 2명입니다.

2. 하청을 벗어나는 것 저도 그걸 최종 목표로 삼고 있고 일단 급한 대로 온수온돌 자격증을 취득하여 면허를 내려고 준비하고 있습니다. 올해 하반기부터 준비해 볼 생각입니다.

3. 실무교육을 진행하는 동안 앞으로 많은 참석하도록 노력하겠습니다!

후배 군이 교재를 집필하신 이유가 궁금합니다.

필자 팬데믹을 지나면서 새로운 목표가 생겼고, 아주 쉽게 쓴 덕트 설계 입문서가 필요하겠다고 생각하게 됐고, 그동안 중단했던 교육을 다시 하려니 자신이 없어서… 다시는 오전 10시에 시작해서 저녁 7시까지 할 자신이 없더라고. 예습 좀 해오라고 공지했어도… 거의 무댓뽀라고 할까, 눈동자를 보면 못 알아듣는 게 보여. 그럼 돌아가서 개념부터 다시 설명하다 보면 예정 시간을 지키기 어려워, 그래서 예습할 교재를 만들어 교육 시간을 줄여보자는 것도 한몫했지.

후배 그런 어려움이 있으셨군요. 새로운 목표가 생기셨다고 하셨는데, 궁금합니다. 자세히 말씀 좀 해 주시죠.

필자 좀 긴 이야기일 수 있는데…. 2003년 1월 3일 개설한 카페 이름이 뭔지 아는가? 그래 "덕트 사랑"이지 "덕트국가기술자격제도" 절대 필요하다!고 주장을 4~5년 하다 보니 길이 안 보이 더라고, 해서 "협회"를 만들고 "협회" 차원의 "덕트설비관리사" 민간자격증을 도입하자. 그 러려면 일정 수준 이상의 엔지니어링이 가능한 기술자격이 되어야겠다고 시작한 첫 교육이 2007년 5월 20일 "덕트설계 실무교육" "초급과정"이었지. 실무교육 이수자들을 중심으로 협 회를 구성하려던 계획에 차질이 생겼지….

후배 설비업계에선 "덕트사랑" 모르면 간첩이란 소리까지 있었는데….

필자 그래서 접었었어. 원래 이쪽 동네가 기강이 없었어…. 선배 운영자 두 분께 양해를 구해야 했지. 정말 죄송한 일이었지만, 기존 회원 모두를 준회원으로 강등시켰고, 재등급 조건으로 닉네임 대신 "실명·지역·생년"으로 바꿨지. 더 이상 익명으로는 아무 일도 할 수 없다고 판 단했고, 아사리판 같은 업계에 선, 후배 개념부터 확실하게 질서를 바로잡아야 한다는 생각 이었지. 아마 우리 카페가 실명 사용은 제일 먼저일 거야.

후배 그래서, 카페 정회원 되려면 무조건 실명으로 수정해야 했군요.

필자 2008년과 2014년에 두 곳이 생겼지.

후배 그분들은 어떤 활동을 하고 계시죠?

필자 글쎄? 한 곳은 유명무실해진 것 같고, 다른 한 곳은 건설노조 활동을 활발히 하는 것 같은데….

후배 선배님! 새로운 목표에 대해서….

필자 그렇지, 카페를 개설할 때 2002년 국민소득이 11,400달러였지, 국민소득 10,000달러 되어야 "환기시장"이 형성된다고 했거든, 2021년 국민소득이 35,373달러가 됐어! 명실상부한 선진 국이 된 거지. 일본의 경우 1981년 "금속판 기능사"에서 "건축금속판 기능사"로 덕트를 판금 따로 분리하고, 1급과 2급 기능사가 2,377명이라는 사실이 벌써 42년 전 이야기야…. 도대 체 뭔 일들을 이따위로 하는 줄 모르겠어. 일본하곤 가위바위보도 지지 말라는 말은 도대체 누가 한 거야!

암튼, 팬데믹을 지나오면서 많은 생각을 했지. 이번이 마지막 기회일지도 모른다! 한번 제 대로 해 보자! 그간 교육을 이수한 후배들이 넘 잘하고 있어서, 후배들을 믿고 **"한국환기시**

스템사업자협의회"를 구성하고 "**환기시스템전문가**" 민간자격제도를 시작해 보자는 결론에 이른 거야.

후배 왜? "덕트 기능사"가 아니고 "환기시스템전문가"인지요.

필자 "덕트 기능사" 자격제도가 필요하다고 느낀 건 30여 년 전이고, 국내 Ventilation 전문가 그룹이 없다 보니 이번 팬데믹 상황에서 제대로 대응 못 하고 감염률이 무려 일본에 5배가 넘는 상황을 보면서 "환기시스템전문가"가 절실히 필요한 상황이라고 생각하게 된 거야. 그리고 "환기"는 HVAC 전문가 영역인데 "덕트 기능사" 영역에서 감당이 어렵다고 봐야 해.

후배 일본은 42년 전에 "덕트 기능사" 문제를 해결했고 "환기" 관련 인프라가 팬데믹 상황에서 일정 역할을 했다는 거군요.

필자 그렇지. 일본은 관련학과 졸업 후 실무경력 4년이 되든지, 실무경력 7년 이상이 되어야 1급 덕트 기능사 응시 자격이 되는데, 1급 자격 취득 후 상위 학습을 통해 공기조화(HVAC) 전문가 자격을 갖춰나 가는 시스템이 잘 작동되다 보니 전문가 그룹이 단계별 잘 조직되어 역할을 잘 수행했다고 보는 거지.

후배 자영업자가 환기시설을 갖춘 업소는 영업 제한을 완화해 달라는 국민 청원을 카페 게시판에서 본 적이 있습니다.

필자 게시판에 퍼온 글을 봤구먼. 환기횟수 6회전/hr 이상 또는 무창층 기준 36CMH/인(人)의 환기량이면 실내공기 감염률이 1/10로 줄어든다는 근거를 갖고 청원을 올린 것 같은데 너무나 안타까운 일이지! 자영업자 영업 제한 손실보상금 대신 업체당 300~500만 원 환기 설비 시설 지원을 해주고 영업 제한을 완화해 줬다면, 가겟세와 기본 인건비와 공과금 정도는 해결이 되었을 거로 생각해.

후배 일본은 42년 전에 "덕트 기능사" 문제를 해결했는데, 우리는 앞으로 어떻게 해야 하죠?

필자 일본하곤 가위바위보도 지지 말라고 했는데…. 고민 좀 해봐야지.

후배 그러지 마시고, '덕트설비전문가' 자격을 거쳐서 '환기시스템전문가' 자격을 갖출 수 있는 게 바람직할 것 같은데. 어떻게 생각하세요.

필자 좋은 생각인데…. 좀 더 고민을 해 봐야겠어…. 빨리 이 책이 나와서 관계자들이 자극받아 "국가자격증"이 생겼으면 하는 기대도 하고 있는데…. 이제는 덕트제조 전문 덕트 공장을 보유한 그룹이 스스로 품질을 보증할 제도로 '덕트 자격증'을 도입해야 한다고 봐! 무자격자들이 제품을 생산한다고 하면 아주 웃기는 일이잖아! 강 건너 불구경할 때가 아니라 스스로 생각들을 해 보면 답이 나올 거야.

후배 '환기시스템전문가' 자격시험 내용이 궁금합니다.

필자 경력 부분은 사업자 경력 5년 이상은 되어야겠지. 엔지니어링 부분은 덕트 설계의 정압법과 등속법 설계는 기본이고, '산업환기', '상업환기', '열회수 환기시스템' 실무능력이 검증되어야 하고, TAB 리포트 작성도 가능해야 하는 정도.

후배 그런 기준을 가진 이들이 얼마나 되겠어요?

필자 매우 드물겠지만, 그간 클린룸 교육까지 이수한 후배 중에서 TAB 교육을 추가로 하게 되면 바로 진행할 수 있어.

후배 선배님은 중동에서 TAB 팀장을 하셨고, 현재도 클린룸 TAB도 직접 하시니까. 이번 기회에 저도 TAB을 제대로 배울 수 있겠네요?

필자 엔지니어링에 대한 내 생각은 이론과 실무 경험을 토대로 디자인한 시스템이 실제로 10% 오차 안의 범위에서 운전되어야 하는데, 이를 검증하는 절차가 TAB 업무지. TAB을 한 번도 수행해 본 적이 없다면 짝퉁인 거지. 본인이 설계해서 어떤 퍼포먼스를 나타내는지 측정을 통해 검증해 본 적이 없다면 그건 가짜라고 생각해. 그래서 반드시 TAB 과정이 필요하다는 것이야.

후배 선배님은 유독 저와 같이 가업을 잇는 후배들을 아끼시는 이유가 궁금합니다.

필자 우리 세대나 선배들은 이론 학습을 할 수 있는 여건이 전혀 형성되질 않았어, 시방서 자체를 보질 못했으니까. 창피한 이야기지만 내가 중동에 나가기 전까지 'CMH'가 무슨 뜻인지 몰랐어. 도면 들고 물어봐도 가르쳐 주는 사람이 없었어. 그러다 1986년에 중동에서 TAB 이론 교육을 받게 되면서 알게 되었지. 그때 매우 좋았어! 주먹구구로 일하다 글로벌 스텐다드 기준으로 일하게 된 거지. 감독관(인스펙토)이 영국인이었어…. 부친 세대는 그렇게 사업을 일으킨 거야…. 자네들은 초급대학 이상 교육을 받았고, 주말과 방학 때마다 아르바이트 현장 경력이 상당하고, 아버지한테 실무 트레이닝을 제대로 받았기 때문이고, 가장 중요한 주인 정신이 있지. 이미 부친들이 기반을 닦아 놓은 상태야. 그래서 엔지니어링 능력만 키우면 엄청난 성장을 할 수 있기 때문이기도 하고, 가장 오래 업계에 남아 있을 소중한 자원인데, 어떻게 아끼지 않을 수 있겠어. 덕트로 입문한 똑똑한 친구들은 중간에 설비로 갈아타고 설비소장이 되거나, 덕트 공사로 돈을 제법 벌게 되면 부동산에 투자하고는 적당한 시점에 사업체를 접어 버리는 이들보다는 비전을 갖고 가업으로 이어가려는 자네들을 어떻게 아끼지 않을 수가 있겠어!

후배 갑자기 어깨가 무거워집니다. 항상 공부 열심히 하라고 하셨는데…. 왜? 공부해야 하는지, 목표를 어디에 두어야 하는지….

필자 우선 교육의 효과는 100만 원의 교육을 받았다면 매년, 1억 이상의 경쟁력이 생긴다는 것이고, 엔지니어링 능력이 안 돼서 포기했던 기회들을 내 것으로 만들 수 있고, 그로 인한 비즈니스 영역이 확장되면서 기술 영업이 가능해진다는 것이지…. 그리고 학습을 꾸준히 해야 하는 이유를 한마디로 말하면 **자유(自由)**롭기 위해서야! 엔지니어링 능력이 없으면, 하청을 벗어날 수가 없어! 소작농이 농토가 좋다, 나쁘다 할 수 없듯이 하청공사는 돈이 되든 안 되든 무조건 해야 하는 어려움이 항상 따르지, 거기에다 부실채권이 발생할 가능성이 너무 높기도 하고, 그래서 이를 극복하려면 유일한 방법이 학습을 통한 엔지니어링 능력을 갖추는 것이지, 그러면 하고 싶지 않거나, 꺼림칙한 공사는 하지 않아도 되는 선택의 **자유(自由)**를 누릴 수 있기 때문이지, 하청을 계속하다 보면 부실채권으로 기반이 흔들리는 경험을 반드시 하게 되는데, 다시 회복하는 데 10여 년은 말 못 할 고생을 하게 되지만, 대다수는 회복 불능 상태로 재기가 힘들게 되지….

후배 하청을 벗어날 유일한 대안이 엔지니어링 능력을 확보하는 학습에 있다는 말씀 공감합니다. 이런 고질적인 문제를 해결할 방법은 없을까요?

필자 방법이 있긴 한데….

첫 번째는 설비회사들이 책임 의식을 가져야 해. 더 이상 '덕트'를 무자격 직종으로 놔둬선 안 돼. 메이저 몇 개 회사가 나서면 쉽게 해결될 수 있는 일이지만 먼저 나서는 회사가 있을까? 덕트공들이 정신 차리고 설비회사들을 압박하는 방법이 유일해 보이는데….

두 번째로 소위 팀장이라는 이들이 지주의 마름 노릇을 하는데, 설비회사를 상대로 일인(一人)당 얼마씩 얹어 받는 짓은 당장 그만두어야 하고, 설비회사가 필요한 인력을 직접 양성하고, 관리해야 하는 구조로 바꿔야 해!

후배 설비회사들이 재하청 주지 못하게 되어 있잖아요.

필자 무조건 고발해서 바로 잡는 것이 유일한 방법이야! 용역회사처럼 일당에서 갈취하는 팀장과 설비회사 모두를 고발하면 해결될 거야. 그래서 설비회사가 100% 직영 관리하다 보면 '덕트 자격증' 문제도 해결될 거라 보는데 모두가 용기를 내야지…. 창피하지도 않아. 지금 이 어떤 시대야. 35,000불이나 하는 나라에서 아직도 '마름'질을 사주하고 하는 부류가 있다는 게 말이 되나.

후배 고발만이 유일한 대안일 것에 공감은 되는데, 현실적으로 어렵지 않을까요. 생계가 달려 있어서…. 대안이 있어야 시도해 볼 용기가 생길 것 같은데…. 팀원, 팀장, 설비회사별로 구체적인 방법을 제시해 주셨으면 합니다.

필자 우리나라 제조업체 수가 2,020년 조사에 579,050개가 되는데, 우리나라 산업구조가 자동화, 고도화, 지능화로 거의 준클린룸 수준 이상의 작업환경이 요구되고 있다는 사실을 주목해야 해. 설비회사 하청에 매달리지 않아도 되는 시장이 충분히 있으니까, 현역으로 70~80세까지 일하려면 엔지니어링 능력을 키워서 오너가 되어, 제조업 대상으로 충분히 사업이 가능하다는 점, 그리고 전국에 커피숍만 10만여 개가 있고, 치킨집이 3만여 개, 외식 가맹점 수는 16만 7천여 개나 되고, 노래방, 피시방, 단란주점, 찜질방 숫자는 얼마나 되겠어, 개인병원, 산후조리원, 요양병원….

후배 정말 많네요! 제조업 대상으로 100개 업체만 관리한다고 해도, 6,000여 개 '덕트설비전문업체'가 필요한데요! 그러면 덕트 팀원은 어떻게 해야 하는지….

필자 팀원 5년 차 이상 경력자로 기존 팀장을 벗어날 수 있는 인맥을 충분히 구축해 놓은 상태라면 시도해 볼 만하지만, 그런 인맥을 구축 못 했다면 자택 반경 20㎞ 내 있는 '덕트설비전문업체'를 찾아가 주말 아르바이트 필요하다면 연락해 주십사 하고 구직활동을 하는 방법으로 두세 군데 업체를 알아 두면 큰 도움이 될 거야. 무엇보다 다양한 현장경험을 쌓을 기회가 있다는 게 중요한 점이지. 언젠가 나도 오너가 되겠다!는 생각을 갖고 열심히 하다가 결정적인 순간이 오면 실행에 옮기면 된다고 봐.

후배 굳이 5년 차를 강조하신 이유가 궁금합니다.

필자 5년 동안 열심히 했다면, 웬만한 현장은 차고 나갈 실력이 되어 있다고 보는 거지. 그래서 새로운 환경에서도 충분히 역할을 다할 가능성 때문이지.

후배 현재도 카페 구직 신청하면 회원 전체 메일을 보내서 바로 연결이 되잖아요. 그러면 팀장급들은 어떻게 하면 될까요?

필자 기존 팀장들은 심사숙고해야 해. 언제까지 설비회사 '마름' 노릇을 할 수가 있을까? 60까지는 할 수 있을 것 같나? 그럼, 그 뒤에는 노(No)답이야! 일인(一人)당 20,000~30,000원 챙겨서 팀원들 인심 잃지 말고, 오너가 될 공부를 더 열심히 하면서 팀원들을 잘 챙겨서 훗날을 기약하는 것이 더 큰 이익으로 돌아온다는 점 잊지 말았으면 해.

후배 사람이 재산이라는 말씀이네요. 직불 체제로 팀원들 챙기면서 오너가 될 준비를 하다가 창업했을 때 함께 하려면 인심을 잃지 말아야 한다는 말씀 공감합니다. 그럼, 설비회사들은 어떤 변화를 기대할 수 있을까요?

필자 설비회사들 쉽게 변하기 어려울 거야. 앞으로 소방, 전기처럼 기계설비도 분리 발주가 시행되어 수익구조가 개선되고 나서야 '마름팀장' 구조를 개선할 여력이 생기겠지. 지금처럼 부가가치 있는 기계 장비는 사급 처리되고, 파이프 동가리에서 얼마나 남겠어. 덕트에서 최대한 남겨야지, 덕트 공장 제조 이후 설비회사 덕트 이윤은 약 20%는 개선되었을 거야, 상주 직원도 필요 없이 배관 현장 소장이 '마름' 몇 팀 운영하고, 덕트 공장에 주문해 주면 만사 오케이 되는 땅 짚고 헤엄치는 구조를 쉽게 포기하겠어! 하지만 이미 분위기가 바뀌고 있어. '마름팀장' 운영회사와 오롯이 마름 역할에 충실한 '마름팀장'에 대한 폐해와 원성이 임계점에 이르렀다고 생각해. SNS 발달로 실시간으로 정보(데이터)가 누적되고 있어서, 어떤 형태로든 개선의 의지가 표현될 거야. 돌이킬 수 없는 상황이 오기 전에 설비회사들은 스스로 '덕트 기능사' 자격증 제도를 도입하고, '마름팀장' 대신 '덕트 기능사'가 직영 관리하는 구조로 바꾸는데 노력할 때가 되었어.

"똥" 띄기 업체 보이코트 캠페인은 당장이라도 일어날 수 있는 여건은 이미 충분해! 의식 있는 덕트공들의 고발이 시작되면 걷잡을 수 없겠지. 결국엔 '덕트전문단종업체'들과 경쟁하는 시점이 곧 올 거라고 봐!

후배 저희에게 '공조냉동기계기능사' 자격증을 취득하라! 하시는 이유가 '덕트전문단종업체'를 목표로 열심히 하라 하셨군요.

필자 그렇지! 그렇게 흐름을 바꿔 보자는 게 나의 희망이자 모두를 위한 일이라 생각해! 더 큰 이유는 '실내환경전문가'가 되려면 HVAC SYSTEM 전문가가 아니면 '실내환경전문가'가 되기 어렵기 때문이야. 미국에서는 "실내환경" 관리 업무는 오래전부터 지역 HVAC 전문가 영역으로 활동하고 있어, 팬데믹 상황이 이렇게 쉽게 끝나지 않을 거라는 점에서 서둘러서 대안이 나와야 하는데…. 아쉬워.

후배 선배님 말씀를 듣다 보니 구체적인 목표와 시장이 보이는 것 같습니다. 기존 '마름팀장'과 설비하청 덕트 일반사업자들은 자기들 기득권을 쉽게 포기하지 않을 것 같은데요.

필자 설비 하청 이외에 다른 대안이 없었던 30년 전의 개발도상국의 경제가 아닌, 3만 5천 불의 선진제조업 강국으로 AI, 반도체, 배터리, 바이오 최첨단 산업의 HVAC 시장이 확장되고 있는 시장에서 성장, 발전하겠다는 목표를 세우고, 달성하기 위한 노력해야만 하는데, 말은 쉽지, 그게 가능하겠냐고 묻겠지. 그게 쉬운 일이겠어? 하지만 방법이 있다면 시도를 해봐야지. 무조건 '공조냉동기계기능사' 자격증을 취득하고, 동시에 설계 능력을 갖추고, 뜻이 맞는 선배, 동료, 후배들과 '기계설비면허'를 공동으로 보유하는데 대략 5년 이상은 걸리겠지. 각자 일반사업체를 갖고 기계 설비 면허는 둘이 됐든, 셋이 됐든 초기 비용을 줄이고 각자 지분 정리를 잘해서 하청을 벗어나겠다는 로드맵을 갖고 바로 시작해 보라 하고 싶어!

후배 덕트공들은 모두가 경쟁자라는 인식이 너무 강한데….

필자 소작농끼리 경쟁하게 만든 구조를 벗어날 방법이 없었으니까. 모두가 경쟁자가 될 수밖에 없는 교묘한 구조 속에서 먹고살려니 어쩔 수 없었겠지만, 오래전부터 그런 구조 밖에 일이 더 많아지고 있다는 걸 인식하는 덕트공이 없어서 그런 거지. 알았다고 해도 혼자 힘으로 벗어나기 어려웠겠지.

후배 하청은 벗어날 수 있고, 실력만 갖추면 시장은 넓고 크다! 그리고 선배님 스스로 증명하셨고, 그동안의 경험과 지식을 공유해 주시겠다고 20여 년을 이렇게 노력하고 계신 거잖아요.

필자 시간이 별로 없어. 내가 언제까지 할 수 있겠어. 이젠 8시간씩 혼자 강의한다는 게 엄두가 나질 않아.

후배 그래서 교재를 준비하신 거잖아요. 교재가 출간되는 대로 저도 재수강받고 싶은데요. 교육 수강생들이 준비해야 할 것들에 대해서 알려 주시죠.

필자 첫 번째는 시방서를 철저히 공부하라는 것이고. 두 번째는 교재를 10번 정도 읽어 보고, 노트북-엑셀/캐드- 칼라 형광펜, 계산기, 30센티 자를 준비하고, 3년 이상 실무 경력자들만 신청해 줬으면 해. 지금까지 덕트공이 아닌 수강생 비율이 60%가 넘었는데, 앞으로는 덕트공만 수강 신청을 받아야 할지 고민을 해 봐야겠고, 한 업체에서 여러 명 수강 신청을 받아줬는데 앞으로는 업체당 한 명 이상은 받지 않으려고 해. 수업 분위기가 해당 업체 쪽으로 흘러가서 바람직하지 않아….

후배 저도 개념 정리가 안 된 상태로 첫 수강 때는 어려움이 많았는데, 교재를 보고 어느 정도 개념 정리가 되어서 수강하게 되니까, 교육이 더 재미있을 것 같습니다.

필자 그렇게 되겠지. 그리고 시간이 많이 단축될 수 있을 거라서, 5시간 정도면 충분할 것 같아.

후배 초급교재에 이어 중급-환기 설비- 교재는 어느 정도 예상하고 계시는지요. 그리고 '클린룸 덕트설계' 교재도 있었으면 좋겠습니다.

필자 중급교재는 연말까지 계획하고 있고, 고급과정 교재는 내년 상반기를 목표로 하고 있는 데…. 부지런히 해야겠지!

후배 선배님! 끝으로 저희 후배들에게 당부하실 말씀이 있으시면….

필자 건강이 최우선이야! 하루에 30분 이상 걷기운동을 하는 게 좋아. 그리고 담배는 무조건 피워선 안 되고, 술은 취할 때까지 마시지 말고, 하루에 1시간 정도는 공부하도록 해! 변화하는 사회에 뒤처지면 도태되는 거야. 전시회, 세미나에도 부지런히 찾아다니도록 하고, 공조냉동기계기능사를 취득하고 나서는 기사, 기술사를 목표로 공부를 쉬지 말고 하도록 해!

후배 선배님 당부 말씀 깊이 새기도록 하겠습니다.

필자 자네들이 유일한 희망이야! 열심히 해야 해!

10-3. 힘든 시기를 지나면서

2012.06.08 10:00

요즘 아파트 분양가를 5년 전(2007년)보다 50만~200만 원 내려 분양한다고 한다. 그동안, 리먼 사태 이후 신규 주택 공급이 급격히 줄었지만, 여전히 미분양 물량이 소진되지 않은 상황에서 전세 대란이 일어나고, 전세가 상승이 주택 가격 상승으로 이어질 것이라고들 했던 예측이 보기 좋게 빗나가 버리고 말았다.

올해 분양 아파트 물량이 45만 호라고 하는데, 분양가는 메이저 브랜드 업체들이 앞다투어 5년 전 가격 이하로 분양한다고 한다. 과연 이런 현상이 정상적인가? 아직도 미분양 아파트가 소진되지 않고 있는데…. 5년 전 분양가 이하로! 원자재 가격이 얼마나 올랐는지, 인건비가 얼마나 상승하였는지, 소비자들의 눈높이가 얼마나 높아졌는지를 생각해 볼 때…. 과연 이것이 정상적인 현상일까?

가계 부채가 우리 경제의 뇌관이 될지도 모른다는 상황에서, 그 많은 물량을 소화해 낼 여력이 있을까? 올해 분양되는 아파트가 줄줄이 미분양 사태가 벌어진다면 엄청난 상황이 벌어질 것이다. 대기업 건설사들이 5년 전 분양가보다 낮은 가격으로 분양한다는 것은 그만큼 어렵다는 방증이다.

경기가 회복될 때까지 버틸 수 없는 상황이다 보니-3년간 주택 분양 수가 15만 호 이하였던 것을 참조-신규 수요보다는 대체 수요를 노리는 꼼수인데, 정부가 제대로 역할을 하기보다는 편승하는 것 같다는 생각을 지울 수가 없다. 어찌 됐든 대기업 메이저 건설사만 살아남을 수밖에 없는 구조가 더욱 심화할 것이다. 이쯤에서-정말 하고 싶은 말은 많지만-줄인다.

나의 경험상 건설업 수주 영업은 90%가 인맥으로 이뤄진다. 지금의 덕트 업계가 속해 있는 생태계를 들여다보면 정말 한심스럽기 짝이 없다. 지금의 어려움은 이미 4년 전 예고되었던 것인데, 인제 와서 새삼 경기 탓을 한다는 것은 자신의 무지함을 먼저 인식하지 못한 결과이다. 이미 모든 분야에서 일등만이 살아남는 생태계에서 언제 도태될지 모르는 한계업종, 한계기업에 스스로 속해 있지 않는지를 심각하게 살펴보아 다른 생존 방법을 모색해야 할 것이다. 설비회사 하청을 하고 있다면, 하루속히 벗어날 궁리를 해야 한다. 스스로 벗어날 길이 없다면 사업체를 접고 일 당일을 해야 하는 것이 최선이다. 우량 건설사 하청이라면 본사 임원을 통해 지속적인 회사 자금 흐름을 파악할 수 있어야 하고, 발 빼야 할 순간을 항상 대비해야 한다.

IMF 사태가 있기 전부터 발생한 부실채권이 IMF를 지나면서 어찌 손써 볼 시간도 없이 사무실을 정리해야만 했다. 그때 비싼 수업료를 지불하면서 배운 사실 하나가 하청이라는 것. 차라리 일당일을 할지언정 하청은 하지 말자! 굶어 죽더라도 어음 공사는 하지 말자! 자기 능력 밖의 일은 쳐다보지도 말자! 그리고, 힘을 기르자-자금과 실력이 부족해 기회를 놓치지 말자-

지금 하는 일에 최고가 되도록 노력해야만 한다. 피 터지는 생태계에서 하루속히 벗어나야만 한다. 실력을 인정받고 인맥을 확장하는 데 노력해야 한다. -시간이 얼마나 걸리더라도…. 평생 지속해야 할 과제… 지금 갖고 있는 휴대전화기와 그전에 쓰던 휴대전화기의 기능, 디자인, 가격, 품질을 비교해 보라! 그 짧은 시간 동안 과거 핸드폰(phon) 부품 제조사는 사라지고, 현재 핸드폰 부품 제조사들도 2~3년이 보장되지 않는다는 것이 현실이다.

지금 고통스러울 정도로 어렵고 힘든 시기를 지나고 있다면, 과감히 정리해야만 한다. 몸을 가볍게 해야만 멀리 갈 수 있고, 힘을 길러 기초체력을 튼튼히 하면서 기회를 만들어 나가야 한다. 눈높이를 낮추고, 초심을 잃지 않는다면, 지금의 어려운 시기가 오히려 크게 성장할 수 있는 전화위복의 기회가 될 것이다. 지금 내가 있는 생태계는 언제까지 유지될 수 있을까? 새로운 핸드폰을 사면서, 버려지는 과거 핸드폰이 미래 나의 모습이 되어서는 안 되기에….

우리나라 경제는 지속해 성장해 나갈 것이다. 위기를 느끼면서 아무것도 하지 않는다면 정말 희망이 없다. 도태되는 생태계는 절대 회복될 수 없다. 가만히 함께 도태되느냐! 다른 생태계로 옮겨 생존을 지속하느냐는 본인에게 달려 있다. 무한한 틈새시장이 계속 창출되고 있으니, 희망을 갖고 열심히 힘내기를 바라며….

2012년 6월 8일 카페 [우리들 이야기] 게시판에 올렸던 글이다.

요즘 상황이 10년 전보다 훨씬 어려운 상황이다. 지난 5년 동안 가계 부채는 500조가 늘어났고, 국가부채는 400조가 늘어났다. 1%대 저금리는 3.5%의 고금리 상황에서 원자재 상승과 미분양 주택, PF 중단에 따른 건설사들의 분양 포기가 이어지고 있다. 2%가 넘는 미국과의 금리가 환율에 영향을 끼치고 있고, 물가는 오르고 경기는 나아질 기미가 보이지 않은 어려운 상황에서 폐업하는 건설사가 속출하고 있다.

건설사에 딸린 전문건설업체의 어려움은 말해 무엇하겠는가! 전문건설업체 하청을 받는 덕트 업체는 올해는 어떻게 견딘다고 해도 내년이 더욱 문제 될 것이다. 결국 하청이 문제이다. 이런 싸

이클이 올 때마다 생존이 위협받는 게 하청 업체의 비애다.

산업의 패러다임이 바뀌고 있는 가운데 글로벌 공급망 구조의 지각이 바뀌는 상황에서 많은 기회가 있을 것 같다. 35,000불 산업구조에서는 더 이상 주먹구구는 통하지 않는다. 3만 불에 이르면 전문가 시대가 되면서 분야별 시스템이 완비되어 간다. 시스템은 잘 정비된 매뉴얼에 의해 유지된다. 현재 HVAC System 시장은 시스템도 매뉴얼도 제대로 작동되지 않고 있는 분야 중 하나다. Ventilion System을 제대로 알지 못하는 HVAC System 전문가가 넘쳐 나고, HVAC Duct System을 제대로 알지 못하는 Ventilion System 전문가가 행세를 하는 어처구니없는 상황이다. 이러한 상황은 오히려 기회가 많이 있다는 반증이기도 하다. 실력 있는 HVAC System 전문가를 목표로 시간을 아껴 열심히 학습하고, 경험을 쌓아서 하청의 생태계를 벗어나 하고 싶지 않은 일은 하지 않을 수 있는 자유로운 전문가가 되기를 바란다.

책을 마치며

일본은 1982년 1인당 경상 국민소득(GNI) 10,550달러 이른다. 한국은 2,050달러로 일본의 1/5 수준이었다. 국민소득 10,000달러에 이르면 "환기" 시장이 형성된다고 했다. 일본은 1980년쯤에 건설성 사양의 특기시방서에 '상주 제도'가 명시되었고, 국민소득(GNI) 10,550달러에 이르는 1982년에 '노동성'이 기능 검정의 "금속판 기능사"-한국 '판금'-로부터 "덕트"를 독립시켜 **덕트 금속판**과 **내외장 금속판**으로 분리했다. 이후 건설성은 "기계설비 공사 공통시방서"의 "특기 사양"으로 풍도 공사의 시공에 대해, 1급 건축금속판 기능사(덕트 금속판 작업)가 건설성이 실시하는 3,000㎡ 이상의 규모의 관청 영선공사에 대해 "특기 사양으로 명기되면" "상주 의무가 지워진다."라고 되어 있다. 일본은 1982년부터 "덕트 기능사"의 검정이 시작되었다.

한국은 1995년 1인당 경상 국민소득(GNI) 10,076달러 이르고, 2006년 2만 달러, 2017년 3만 달러, 2021년에는 3만 5천 달러에 이른다. 팬데믹 상황이던 2020년 12월 29일 "자영업자 죽기 직전입니다. 환기설비 갖춰진 업소는 매장 영업을 허용해 주세요." 국민 청원이 올라왔으나, 2021년 1월 28일 483명을 끝으로 마감되었다. 대한민국 '환기' 인식 수준을 적나라하게 보여 준 결과였다.

2022년 4월 26일 오전 3:33:30 Corona Board의 한국(8위·16,929,564명)과 일본(15위·7,693,911명)의 확진자 순위와 확진자 수를 비교해 보면 인구수 대비 33 vs 6으로 5배 이상 확진자가 많았다. 이런 결과를 어떻게 해석할 것인가? 여러 요인 중에 HVAC SYSTEM 인식의 부재가 '덕트'와 '환기'를 시스템의 중요한 구성 요소로 인식하지 못하고 있다는 방증이라고 생각한다.

1999년 7월 랩(Laboratory) 컨설팅(consulting) 엔지니어(engineer)가 소개받아 찾아왔다. 서울대학교 "식물분자유전육종연구센터" 조직배양실 설계·시공 의뢰하면서, 기존 Plant Growth Chamber(식물 생장·생육상 챔버)를 Room base로 하는데 Petri Dish(배양용 접시)의 결로 현상을 없애는 달라는 조건이었다.

해외 현장 경험과 귀국 후 10년간의 축적된 현장 경험(바이오 클린룸 社)과 노하우로 '국내 최초

신개념·신기술 조직배양실' 개발에 성공하였고, 이는 대한민국 식물 분자 육종연구 시설을 한 차원 끌어올린 것이다. 2000년에는 축산기술연구소 환경생리 시험동 CO_2 문제를 의뢰받아 성우(成牛) 600kg의 대사량 데이터를 받아 놓치고 있던 암모니아 문제까지 해결하였다.

Ventilation 분야는 급속한 산업화 과정에서 경제적 이유로 과감히 생략되다시피 했으며, HVAC System 전문가 양성되기 어려운 구조로 파트별 파티션이 공고히 되어 있어, 통합적 시스템 사고(思考) 훈련이 어렵게 되어 왔다. 오죽하면 3만 5천 달러 국가가 HVAC Duct System 자격증이 없겠는가!

우리나라는 세계 3위의 제조업 강국이고, 기술 선도국을 향해서 57만여 개의 제조업체들이 연구·개발에 온 힘을 기울이고 있다. 새로운 기술의 제조환경에 맞는 작업환경 및 제조환경개선을 누가 할 것인가? 보다 창의적이며 통합적 사고가 가능한 엔지니어는 어떻게 형성되고 있는가? 대다수 제조업환경은 이미 준 클린룸 수준으로 공정이 자동화, 고도화, 지능화되고 있는데, 이러한 상황에 맞게 기존 '제조환경'의 업그레이드 기획·설계·시공은 어느 직업군이 감당하고 있는가?

우리나라는 기술 도입국이다. '덕트' 기능은 이미 일제강점기 때에 완성된 몸동작에 불과하다. 일본은 미국을 통해 기술을 받아들였고, 우리는 일제를 통해 기능을 어깨너머 배웠다.

HVAC의 원조는 미국이다. 특히, 덕트는 **SMACNA**에서 미국의 기술 표준을 정한다. 눈에 보이지 않는 공기를 어떻게 자유자재로 다룰 것인가는 "기술"의 영역이다. 예능과 기능은 숙련된 몸동작에 지나지 않지만, 예술과 기술은 눈에 보이지 않는 원리를 이해하고 수학적으로 표현하는 고도의 지적 활동이다.

원자력 발전소의 덕트 설비를, 첨단 반도체공장의 클린룸 덕트 설비를, 백신을 생산하는 바이오 클린룸 덕트 설비를 무자격자들이 시공하고 있다는 게 코미디 아닌가? HVAC의 한 축인 Ventilation과 Duct를 지금까지 자격증조차 없는 업종으로 방치한 것은 자신들 이익만을 추구한 졸렬(拙劣)한 행태라 비난받아 마땅하다.

앞으로, 뜻있는 후배들이 더욱 분발해 설비 하청을 벗어나 대한민국 제조업의 "작업환경"과 "제조환경"을 미래산업에 최적화할 수 있는 역량을 키우는 것이 자신의 성장과 발전을 넘어 진정으로 애국하는 길이라 생각한다. '환경공조시스템 엔지니어(Environment HVAC System Engineer)'를 목표로 후배들의 분발을 촉구해 본다.

2023. 12.

필자

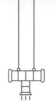

참고 문헌

- BALANCING and ADJUSTMENT of AIR DISTRIBUTION SYSTEM First Edition-1967 SMACNA.

- HVAC DUCT SYSTEM DESIGN SMACNA-3rd PRINTING(MAY 1979).

- 1980년 표준품셈 (기계설비부문) 대한주택공사(1980).

- 건물신축 단가표 한국감정원(1980).

- 표준공기조화 김교두 금탑(1983).

- 덕트計算便覽 著者 井上宇市 譯編 編輯部 世進社(1988).

- 공기조화설비설계핸드북(上·下) 譯編者 金敎斗 한미(1991).

- 환경·산업 환기기술 저자 우종수 성문기술(1994).

- 粉體輸送技術 著者 狩野式. 譯者 宋廣鎬, 李種祭 圖書出版 技術(1995).

- POWER FAN & BLOWER 카타로그 大海風力機械工業(1995).

- 送風機·壓縮機 監修者 金會載 世進社(1998).

- 공기조화용 덕트 및 부품 KARSE B 0013-1998 한국설비기술협회.

- AIR DISTRIBUTION FOR COMFORT AND IAQ KRUEGER(1998).

- 기초역학 일반 엮은이 황봉갑 일진사(1999).

- 기초유체역학 지은이 신정철·양우정 구민사(2000).

- 백만인·속백만인의 공기조화 역자 금종수·김용식·양협 태훈출판사(2003).

- 정풍량 방식의 덕트 설계방법. 정종림 설비/공조·냉동·위생(2004. 4.).

- ASHRAE Application Handbook, ASHRAE(2007).

- Engineering Guide Air Distribution Price(2011).

- 송풍기 기술자료 ㈜금성풍력(2015. 3.).

- 송풍기 성능인증기준 KARSE B 0057 한국설비기술협회(2017. 3. 27.).

- 나익 송풍기 KARSE B 0059 한국설비기술협회(2017. 3. 27.).

- Titus TMS Square Ceiling Diffuser perfermance data 2017. F110.

- Titus PERFORMANCE DATA aeroblade grilles G17.

- 2020건설공사 표준품셈 출처: 국토교통부. 한국건설연구원(2020).

- 건설업 임금실태 조사보고서[시중노임단가] 대한건설협회(2020).

- KIMOCOREA Pitot type L 기술자료(4)(2020).

- 카타록 "DR환기송풍기 소형 시로코 팬" 대륜산업주식회사(2020).

- Price SCD square-cone-diffuser-catalog. 2020.

- BETA industrial L.L.C PRODUCT CATALOGUE BULLETIN 5.

- KRUEGER SUPPLY GRILLES PERFORMANCE DATA I-38, 39, 43.

- KRUEGER WHITE PAPER AIR DISTRIBUTION SYSTEM DESIGN. Dan Int-Hout, Chief Engineer.

- Fan Performance Characteristics of Centrifugal Fans. CLARAGE(2021).

- Square & Rectangular Louver Face Diffuser progress data. COSMOS.

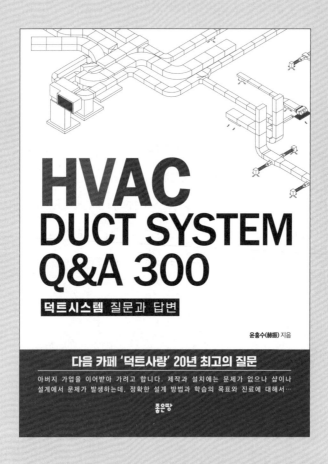

『HVAC DUCT SYSTEM Q&A 300』

카페에 올라온 질문 1,000개 중에서

300여 개만 정리하여 출판하려고 합니다.